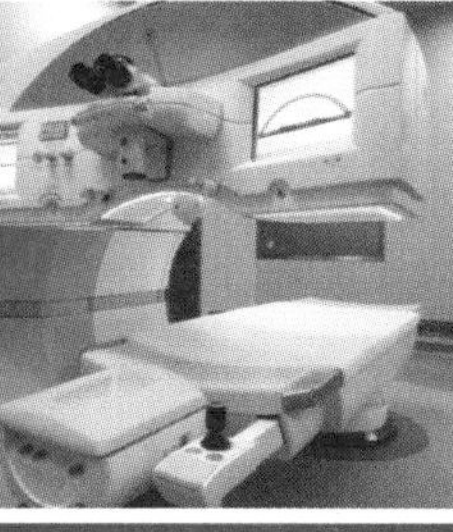

科学探索丛书 KEXUE TANSUO CONGSHU

物理学发现之旅

WULIXUE FAXIAN ZHILV

陈敦和　主编

上海科学技术文献出版社
Shanghai Scientific and Technological Literature Press

图书在版编目(CIP)数据

物理学发现之旅／陈敦和主编. —上海:上海科学技术文献出版社,2019
(科学探索丛书)
ISBN 978-7-5439-7907-9

Ⅰ.①物… Ⅱ.①陈… Ⅲ.①物理学—普及读物
Ⅳ.①04-49

中国版本图书馆 CIP 数据核字(2019)第081267号

组稿编辑:张　树
责任编辑:王　珺　黄婉清

物理学发现之旅

陈敦和　主编

*

上海科学技术文献出版社出版发行
(上海市长乐路746号　邮政编码200040)
全 国 新 华 书 店 经 销
四川省南方印务有限公司印刷

*

开本700×1000　1/16　印张10　字数200 000
2019年8月第1版　2021年6月第2次印刷
ISBN 978-7-5439-7907-9
定价:39.80元
http://www.sstlp.com

前言 Preface

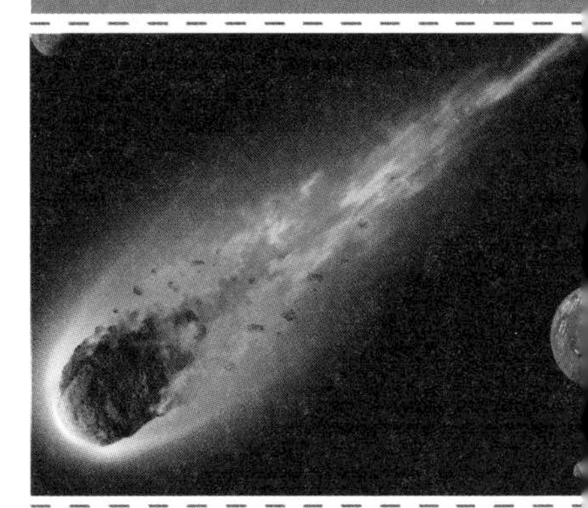

人类诞生伊始，就对这个世界充满了好奇。无论是广阔的海洋，还是浩渺的宇宙，都时刻寄托着人们那颗渴望探索的心。火的发现与利用引导着原始人类从荒芜与黑暗慢慢走向光明与温暖，这形成了人类第一次对于“热”的印象，并在不知不觉中踏上了物理学探寻之路。

结束了茹毛饮血，人类经历了无比漫长的探索。在摸索中，人们发现了力的奥妙，于是杠杆与斜面的简单应用，让勤劳而懵懂的古代人露出了无比淳朴而灿烂的笑容。人类的智慧在生活中不断积攒，对于科学的认识也在不知不觉中汇聚。于是，慢慢地，人类开始尝试着主动认识这个充满神秘的大自然，开始尝试着解读身边发生的原本看似奇幻的事物，并在一片茫然中，试着去揭开万物存在的真谛。

物理学，在人类似懂非懂的状态下孕育着自己的生命，或者说是勤劳智慧的人类在不断地摸索探寻中为它丰满着血肉。于是，随着人类生产力的提高以及人类对自然认知的深入，越来越多的物理学知识被发现，然后再应用到生活生产当中。这是一种循环。然而，正是这种循环不断地推动着人类前行。

与其他学科相比，或许物理学是最贴近人类生活的一门科学。物理学知识往往就在人们生活的不经意间，梳头时，发丝随着梳子的飘动；烧水时，壶盖随着水蒸气而上下“跳动”；打雷时，先见到闪电而后听见雷声；等等。

当时间从数千年前来到今天，人类迎来了高度文明，物理学也在漫长的发展过程中形成了自己完整的体系。对于物理学的形成，人类不该忘记那些默默付出的科学大师，同时也应该重温物理学形成过程中那些难忘的瞬间。于是，我们有必要沿着历史的足迹，穿越历史，来一次“物理学发现之旅”。

目录 Contents

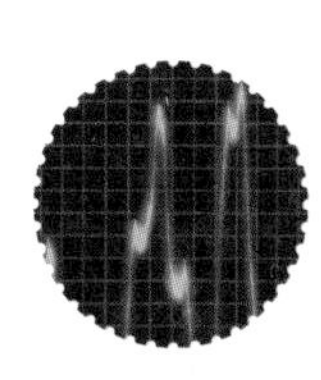

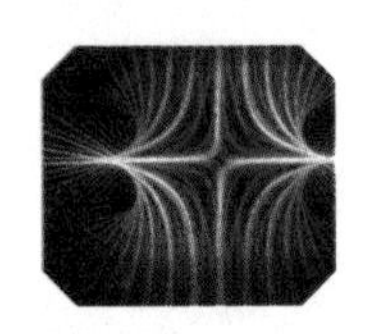

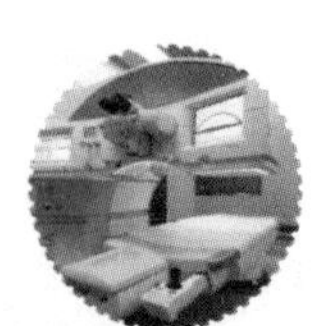

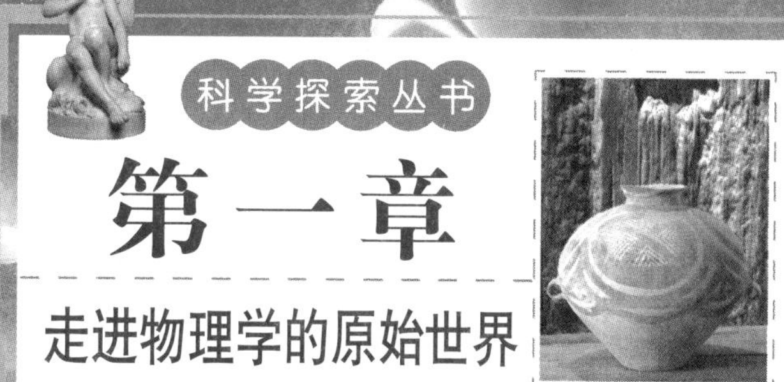

科学探索丛书

第一章

走进物理学的原始世界

随着人类生产力的提高，对于科学的探索已然进入一个更深的层次，越来越多的科学体系在走过漫长的探索之旅后逐渐形成了自己相对完整的结构。物理学作为与人类联系最为紧密的学科，如今迎来了属于它的高速发展时期，那么它的原始状态又是怎样的呢？人类文明的初期，对它又有着怎样的探索与认知呢？

阴阳五行里的“元素与原子”

引言

《大禹谟》曰：“水火木金土，谷维修其源，起于河图洛书数。盖河图之一六，水也。二七，火也。三八，木也。四九，金也。五十，土也。在图则右旋而相克也。”由此可知，阴阳五行的概念早在夏禹治水时就已经产生了。

古老的中国，在漫长的历史进程中，不仅孕育了无数极具华夏特色的民族文化，同时一些思想也成为以后世界经典科学的“起源”。比如中国古代的阴阳五行说与物理学，它们之间很难说没有关系，因为阴阳五行最早提出了物质与元素的概念，这正是物理学的最基本内容之一。

阴阳五行是阴阳学说和五行学说的统一称谓，它们是中国古代对宇宙以及整个自然的认识和解释。这种学说认为我们生活的世界是在阴阳二气的相互作用下衍生、发展以及变化的。

中国古人通过观察大自然中天地、日月、昼夜、男女等各种对立又相连的自然现象，总结提炼出“阴阳”的概念。

春秋时期老子的经典《道德经》中说：“道生一，一生二，二生三，三生万物。万物负阴而抱阳，冲气以为和。”这一思想是老子从宇宙的起源谈到阴阳，并不是对“阴阳”这一概念进行定义或者解说。这里的道，是导向的意思。当混沌水汽从无序运动转向有序运动的时候就促使了太极的诞生。太极就是“一”，太极诞生之后，天地生成。天地就是“二”，天气下降、地气上升，二气最终相合，于是就有了人类，人就是“三”。“三”也包含万物生灵，人

★ “阴阳”的概念是中国古人对自然的原始认知，它所产生的影响甚至延续至今

“太极”释义

“太极”在中国古代是“太空的中心”的意思，同时早期也解释成“混沌”。现代科学认为：大约135亿年前，无极的混沌状态起波澜，不知名的物质相互碰撞，碰撞使不知名的物质产生磁性，磁性又使那些物质相互吸引并不停地聚集在一起。这之后这些物质继续着相互碰撞并产生高温，体积和温度不断变化，体积越来越大，温度越来越高。终于，温度和体积到达了极限，发生了前所未有的“宇宙大爆炸”。

是其中最灵者，是它们总的代表。随后世界万物在阴阳交互作用中世代交替，保持着种群和数量的平衡。“负阴而抱阳”表示出了“阴”为“阳”的基础或前提的意思，也从一方面解释了阴在阳前、阴阳称谓的原因。

《五帝》中记载：“天有五行，水火金木土，分时化育，以成万物。其神谓之五帝。”

“五行”一词最早见于《尚书》的《洪范》当中。《洪范》中说：“鲧堙洪水，汩陈其五行；帝乃震怒，不畀洪范九畴……鲧则殛死，禹乃嗣兴，天乃锡禹洪范九畴，彝伦攸

★ 老子以及他的思想对中国古代如何认识自然万物产生了深远影响

★ 大禹治水

叙……五行：一曰水，二曰火，三曰木，四曰金，五曰土。水曰润下，火曰炎上，木曰曲直，金曰从革，土爰稼穑。润下作咸，炎上作苦，曲直作酸，从革作辛，稼穑作甘。”它提出了为人们所用的以水为首的五行的排列顺序，以及五行的性质和作用，但是它对于五行之间的相互联系、影响并没有加以说明阐述。

“五行”影响着自然的延续与平衡。五行里的“行”不是指“行走”，而是指一种自然的“运行”，是遵循自身规律而呈现的自然的持续运动。当鲧堙洪水时，天帝震怒，因为他违背了自然规律；“天命之降于禹”，是因为大禹能够因势利导，水性基本上就是流，阻流以治，自然破坏水性，坏了自然之性，必然招致天怒人怨。

“五行”在《洪范》中已被明确为水、火、木、金、土，而且被认为是首要之事。在周幽王时，已将“五行”认定为构成万物的五种基质。在《左传》中，也存在着“五行”说法。

五行学说认为金木水火土是构成物质世界最基本的五种元素。它们之间相互滋生、相互制约的运动变化构成了整个物质世界。

古代的阴阳五行学说在很长的历史时期对中国的文化进程产生着巨大的影响，并且代表着一定时期人们对于自然的解读。

在生产力以及科技文化相对低下的古代，阴阳五行学说的提出在当时无疑是具有划时代意义的，它所阐释的“物质构成世界”至今仍然是一种颠扑不破的自然真理，同时这一思想也为中国古代物理学形成画上了精彩一笔。

《道德经》

《道德经》，也叫《道德真经》《老子》《五千言》等，是中国古代先秦时期的一部著作。《道德经》传说是春秋时期的老子所撰，分上下两篇，原文上篇《德经》、下篇《道经》，不分章；后改为《道经》37章在前，37章之后为《德经》，共分为81章。《道德经》是中国历史上首部完整的哲学著作。

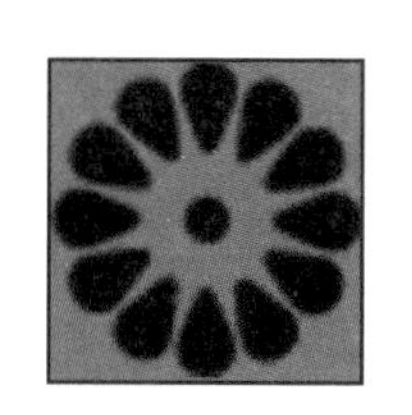

中国古代发明里的力学知识

引言

古老的中国被称为四大文明古国之一，灿烂的文明有着无比悠久的历史。漫长的历史进程更是伴随着无数的发明创造，虽然没有清晰的力学概念，但是在这些古老的发明里，已然有了力学的广泛应用。

力学知识似乎是最“亲民”的一类自然科学，在人们日常生活当中随处可见。正因为如此，从距今170万年的云南元谋人开始，到约1万年前出现的新石器时代，整个漫长的历史进程中都分布着“原始”力学的身影。

虽然也许在中国古代还没有清晰的“力学”这一概念，但是人们已经注意到了力学的价值，并且能够在生产活动中运用它，借以降低劳动强度、提高劳动效率。

说起中国古代的力学应用，不仅是史书记载可考，考古发掘出的实物一样能够证明。从旧石器时代开始，人们就已经能够利用杠杆、弓箭等诸多简单机械实现狩猎等生产活动。春秋战国时期，杠杆、辘轳、滑轮、斜面、锏（轴承）已经在生产活动中得到普遍应用。对于这些简单机械，《韩非子》评价说：“舟车机械之利，用力少致功大。”

仰韶文化在一定时期内成为中国古代文明的代表。在西安半坡仰韶文化遗址中，考古专家发掘出一种腹大口小的尖底壶。当把尖底壶放在水面上时，壶会自动平卧进水里，当壶被水灌满时，尖底壶能够自动恢复垂直状态。尖底壶能够反映出，古人已经在当时的生产实践当中应用了重心知识。

纵观中国古代史，“四大文明古

★ 新石器时代的陶罐

★ 仰韶文化遗址出土的小口尖底陶瓶

国”之一的称谓可不是徒有虚名，中国历史一路伴随着发明创造走来，有关力学知识的应用更是屡见不鲜。新石器时代，人们已经知道利用一根圆形石柱在平滑的石板上碾压谷物。这种原始的石磨就是一种力学应用。汉代桓谭《桓子新论》里记载：“宓牺之制杵舂，万民以济，及后人加巧，因延力借身重以践碓，而利十倍。杵舂又复设机关，用驴赢牛马及役水而舂，其利乃且百倍。”这足以说明中国古代对于力学机械的认识以及利用已经非常普遍。

东汉初期，杜诗发明水排，借助水力，通过水轮连杆以及立轴、曲柄等构件将圆周运动转变为往复直线运动。

水排的出现据推测与水磨同期，但是水排的结构要比水磨复杂很多。早期人们使用的石磨只是在磨盘上捆绑一根便于推动磨盘旋转的直木柄。使用者使用时必须围绕石磨旋转，后来逐渐地，人们又在直柄上加了曲柄，这样一来，就非常便捷地将人手臂的往复直线运动转化成了石磨的旋转圆周运动。在这之后，又出现了牲畜代替人力的磨。随着生产技术的提高，在水舂的启发下，人们又发明了水磨。

看似原始的石磨，却是古代对力学最鲜活的应用。

水磨通过传送带将水轮的动力传递给磨，从而推动磨的转动。这样又替代了畜力。很快，单一水磨逐渐发展成多个连机水磨，也就是多个石磨在同一

水里鼓风装置水排

水排是我国古代一种冶铁用的水力鼓风装置，由东汉杜诗在公元31年发明。其原动力为水力，通过曲柄、连杆等构件，将回转运动转变为连杆的往复运动。人类早期的鼓风器大都是皮囊，我国古代又叫“橐”。一座炉子需要好几个橐，把它们放在一起、排成一排，就叫“排橐”或“排橐”。用水力推动这种排橐，就叫“水排”。

个水轮的带动下进行加工作业。

根据史料记载，韩暨改良水排，杜预造连机碓，祖冲之制水磨。可以说，各种各样的磨制生产工具层出不穷。像水磨、水排一样的器械的出现，说明力学原理在当时已经得到了相对广泛的认识和真正的利用。

元代水力纺纱机的发明，不仅是18世纪蒸汽纺纱机出现前的重大科技成就，更是中国古代力学应用的典范。

中国古代，随着生产力的提高以及科技的进步，人们对于力学知识的认识和应用已经远远超出同时期的欧洲等其他地区。这也为以后中国乃至世界力学的发展，奠定了一个良好的基础。

★ 看似原始的石磨，却是古代对力学最鲜活的应用

飞梭与纺纱机

1733年，由英国的一个钟表匠约翰·凯伊发明了飞梭，飞梭是在织布中使用的。通过使用飞梭，大大提高了织布效率。以前用普通的梭子，需要有两个人配合织布，飞梭发明之后，一个人就能完成织布工作，而且能织比以前更宽的布。飞梭的发明，大大提高了织布效率，但这个时候，棉纱又供不上使用了，人们迫切要求发明一种机器，来提高纺纱的速度，提供更多的棉纱。于是，1765年，纺织工人哈格里夫斯发明了“珍妮纺纱机”，揭开了工业革命的序幕。

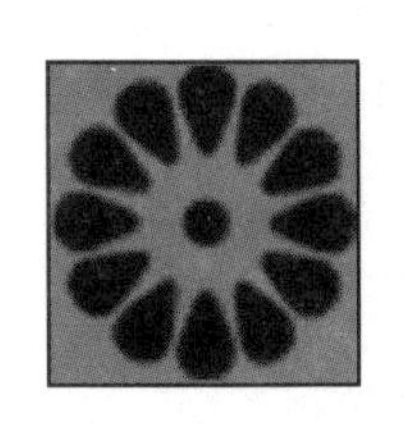

从燧人取火说起的热学

引言

热学的起源，在很大程度上无法离开人类对于火的认识，而火或许就是人类对于“热”这一概念的最初理解。在古代，燧人取火拉开了炎黄子孙认识与利用火的序幕，也由此开启了一段新的文明。

火的使用，不仅结束了人类茹毛饮血的时代，同时也拉开了人类迈向文明的序幕。如果从科学的角度来看，可以说火的使用也在一定程度上促进了热学的形成。

中国古代对于火的认识和使用，要追溯到上古时期，这在中国古代传说中有着普遍的记忆。

相传在远古蛮荒时期，人们生活在没有火的世界。每到夜晚或是阴雨，人们的生活就变得异常黑暗寒冷，同时还要随时面临着野兽的袭击。由于没有火，人们只能食用生的野果或是兽肉，长期这样，瘟病又成为他

★ 雷电，曾经给原始人类带来了深深的恐惧，同时也启发了人类对于火的认识与应用

伏羲

伏羲，又称宓羲、庖牺、包牺、牺皇、皇羲、太昊等，《史记》中称伏牺。华夏太古三皇之一，与女娲一同被尊为人类始祖。传说伏羲坐于方坛之上，听八风之气，乃做八卦。八卦衍生《易经》，开华夏文明。近代求签或掷杯，实际是《易经》的简化版。因为伏羲制造八卦，所以被人们尊奉为神，并且将其视作八卦祖师。

们不得不面对却又无可奈何的考验。

大神伏羲看到人间疾苦，心生悲悯，于是他施展仙法，随着暴雨，一道雷电劈在树上，顿时燃起熊熊大火。被雷电惊吓得四散奔逃的人们，雨后重新聚在一起，他们惊恐地看着燃烧的树木。一个年轻人发现，经常出没在这附近的野兽没有了声音，于是他想："莫非野兽也害怕这天神的愤怒？"他勇敢地走到火边，顿时感到从没有过的温暖。他兴奋地召集大家围过来，突然，人们发现不远处烧死的野兽发出了阵阵香味。人们小心翼翼地撕下烧得发黑的兽肉，送到嘴边，发现味道竟然那么好！

意外发现火的好处，人们小心并且虔诚地用干树枝从没有熄灭的火堆里取下火种，并派人轮流看守着。可是，最终火种还是熄灭了，人们再一次过回了以前的生活。

这时，那个大胆的年轻人决心为大家寻找一种永生的火种，于是，他踏上了漫漫的寻找之路。

★ 钻木取火，是人类最早的人工生火方式之一

★ 火的应用，为人类文明带来的不仅是光与热

年轻人跋山涉水，历尽千辛万苦，经历了长年累月的寻找，还是一无所获。这一天，他来到一个叫燧明国的地方，正当他坐在一棵被称作燧木的大树下忍受着疲劳和饥饿、几近绝望的时候，他突然发现眼前有亮光一闪，把周围照得很明亮。年轻人立刻打起精神站起来，四处寻找光源。他发现就在燧木树上，有几只大鸟正在用力啄树上的虫子。它们坚硬有力的喙每啄在木头上一次，就会出现明亮的火花。年轻人看到这，脑子里灵光一闪。他兴奋地折了一些燧木枝，用小树枝去钻大树枝，树枝上果然闪出火光，可是再怎么努力也不能让它燃烧起来。看到希望的他怎么忍心放弃？于是他尝试用各种树枝进行摩擦，最后他终于通过钻木点燃了手里的树枝。

忘记了疲劳和饥饿的年轻人，兴奋地带着他找来的“永恒火种”——钻木取火的方法回到了家乡，从此人们告别了寒冷和恐惧。为了感谢年轻人带来的光明和温暖，人们一致推举他做了首领，并尊敬地称他“燧人”。

燧人取火，给生活在上古时期的人类带来了光明和温暖，人类对于火的认识和使用也由此开始。在宣告茹毛饮血时代终结的同时，更开启了人类文明进化史的新篇章。

古代钻木取火法

钻木取火是一种最古老的人工取火方式。首先，找到合适的木材做钻板。干燥的杨木、柳木等等都是不错的选择，因为它们的质地较软。再找到合适的树枝做钻头，相对较硬一些就可以。把钻板边缘钻出“V”形的小槽。然后在钻板下放入一个易燃的火绒或者枯树叶，然后双手用力钻动，直到钻出火来为止。

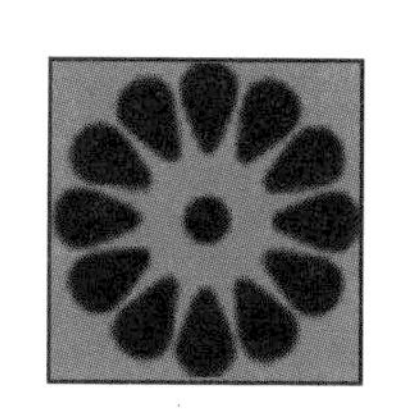

浑天说里的天文知识

引言

“浑天如鸡子。天体圆如弹丸，地如鸡子中黄，孤居于天内，天大而地小。天表里有水，天之包地，犹壳之裹黄。天地各乘气而立，载水而浮。”

——张衡《浑仪注》

对于天地的认识，从人类诞生就开始了。虽然我们现在在物理学当中所接触到的天文知识，已经形成了科学的体系，或者说，人们对于天地宇宙的认识已经摆脱了原始的蒙昧，进入了一个相对科学的领域。但是，这种认识的实现，却经历了漫长的过程，这种过程同时也是一种新学说取代旧学说的过程。

这里不得不提的就是浑天说取代盖天说。

在古代，人们看到高远的苍天笼罩着大地，于是就产生了“天圆地方”的认识，后来慢慢经由古代学者

★ 浩渺的星空寄托了人们对于宇宙天文的无限认知与渴望

★ 张衡极大地推进了浑天说的发展

的提炼总结，最终形成了比较古老的有关宇宙的学说——盖天说。据史料推测，盖天说起源于殷末周初。早期的浑天说推崇天圆地方，认为“天圆如张盖，地方如棋局”，穹隆似的天覆盖在正方形的平直大地上。但因为圆盖形的天无法与方形的大地相吻合，于是有人提出，天地并不相接，而是天高远地悬在大地之上，地由八根柱子支撑着。这种说法以后还引出了共工氏怒触不周山以及女娲氏炼石补天的神话。

因为对天地宇宙认识的不同，各种说法也很难实现统一。即便是盖天说，也还有另外的说法认为天地都是球穹状的，并推算两者间相距40 000千米，北极位于天穹的中央，日月星辰围绕它不停地旋转。

盛极一时的盖天说，虽然在汉代以前一直在天文学界起着主导作用，但随着人们对于宇宙等自然现象的认识不断加深，最终在汉代逐渐被浑天说所取代。

张衡在《浑仪注》中说：“浑天如鸡子。天体圆如弹丸，地如鸡子中黄，孤居于天内，天大而地小。天表里有水，天之包地，犹壳之裹黄。天地各乘气而立，载水而浮。周天三百六十五度又四分度之一，又中分之，则半一百八十二度八分度之五覆地上，半绕地下，故二十八宿半见半隐。其两端谓之南北极。北极乃天之中也，在正北，出地上三十六度。然则北极上规径七十二度，常见不隐。南极天地之中也，在正南，入地三十六度。南规七十二度常伏不见。两极相去一百八十二度强半。天转如

恒星的概念

恒星是由炽热气体组成的，是能自己发光的球状或类球状天体。恒星一生的大部分时间，都因为核心的核聚变而发光。核聚变所释放出的能量，从内部传输到表面，然后辐射至外太空。几乎所有比氢和氦更重的元素都是在恒星的核聚变过程中产生的。

车毂之运也，周旋无端，其形浑浑，故曰浑天。”

相较于盖天说，浑天说无疑是对天地宇宙的更近一步认识。它否定了天是半球的认识，而是认为天是一整个圆球，地球在其中，就像蛋黄被鸡蛋包裹在中间一样。不过，浑天说并不认为“天球”就是宇宙的界限，它认为“天球”之外还有别的世界，即张衡所谓：“过此而往者，未之或知也。未之或知者，宇宙之谓也。宇之表无极，宙之端无穷。”

浑天说认为：地球不是独自悬在空中，而是浮在水上的。后来随着认识的发展，又提出地球浮在气中，因此有可能回旋浮动。这一说法后来开启了“地有四游”的朴素地动说的先河。

浑天说认为恒星遍布于一个“天球”上，而日月等星体则依附于“天球”上运行。这一说法与现代天文学的天球概念已经非常接近了。因而浑天说采用球面坐标系来推测天体的位置，测算天体的运动。

浑天说提出之后，虽然对盖天说形成挑战，但是并没有立刻取代盖天说，两种学说在一定时期内各执一词。在对宇宙构成的认识上，浑天说显然比盖天说相对科学，并且能够合理地解释诸多天文现象。

在浑天说取代盖天说的过程中，两大发明——浑仪、浑象起到了不可忽视的作用。由汉代落下闳始创的浑仪是当时最先进的观天仪，天文学家可以通过它用精确的观测数据来论证

★ 古代，人们印象中的宇宙往往就是一个充满神秘色彩的巨大“天球”

浑天说。在中国古代，根据这些观测数据制定的历法具有相当的精度，而这些是盖天说所无法实现的。西汉天文学家耿寿昌发明的浑象，经由东汉张衡改良成水运浑象，能够非常形象地模拟天体的运行，从而使人们对于浑天说形成更加深刻的认可。

浑天说经过漫长的演变、发展与自我完善，在唐代时已经完全取代了盖天说，成为当时宇宙天文的主流学说，并在中国古代天文领域称霸数千年。

虽然浑天说并不是最科学的天文学认知，也并不是中国天文体系发展的终点，但是它对于中国古代认知宇宙自然等起到了巨大的作用，并极大地促进了中国乃至世界天文学的发展。

★ 浑仪的发明，极大地推动了古代人类对于宇宙天文的认知

浑象

浑象是中国古代用于演示天象的仪器。与浑仪合称为浑天仪，用以演示天体运动。在一个可绕轴转动的圆球上刻画有星宿、赤道、黄道、恒隐圈、恒显圈等，与现代天球仪相似。东汉张衡设计制造的漏水转浑天仪的核心部分就是浑象。张衡以后的许多天文学家如三国时期的陆绩、王蕃，南北朝时期的钱乐三，唐代的一行、梁令瓒，元代的郭守敬，他们都曾制造过浑象，而且都应用了水力和机械，以取得与天球的周日转动同步的效果。现存北京古观象台的浑象是清初南怀仁所造。

古希腊对宇宙的认知

引言

时至今日，古希腊神话依旧是文学领域中人们津津乐道的话题。而纵观世界历史，神话并非古希腊的特产，为什么它却独独成为世人的专宠？或许这要归功于古希腊对于宇宙的认识。

对于宇宙的探索，造就了古希腊神话的神秘梦幻，却也引出了物理学对于宇宙探索的兴趣。

在整个物理天文学领域中，古希腊对于宇宙认识的贡献享有不可替代的地位。在一定时期内，古希腊的宇宙观同时代表着整个世界最先进的对自然的解读。虽然当时的古希腊学者对于宇宙天文的认知存在很多不同观点，纷纷希望自己提出的学说成为正统，这也造成了“众说纷纭”的局面。然而在这些学者当中，柏拉图、亚里士多德以及托勒密成为代表。他们的主张对宇宙天文学甚至整个自然科学领域都产生了巨大的影响。

柏拉图对于宇宙的解释带着神话

★ 人们对于宇宙的猜想从来没有停止过，而宇宙依然按照自己的秩序存在着

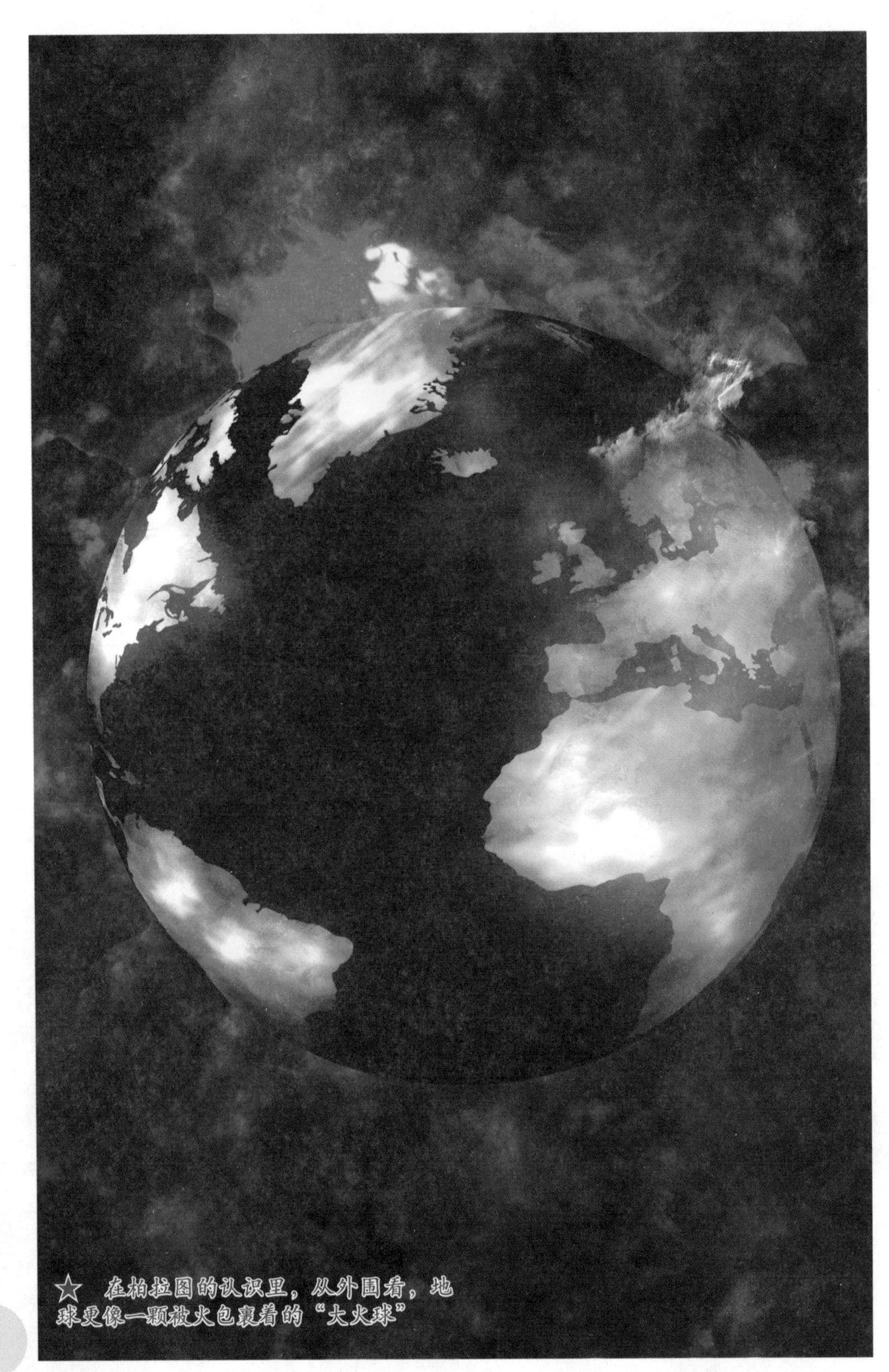

★ 在柏拉图的认识里，从外围看，地球更像一颗被火包裹着的“大火球”

月食

月食在古代常被认为是“天狗吃月”，现在我们都知道实际上它是一种特殊的天文现象。月食是指当月球运行到进入地影时，会因为太阳光被地球所遮蔽，地球上只能看到月球的一部分。发生月全食时的太阳、地球、月球恰好在同一条直线上。根据月食期间月的圆缺变化，可以分为月偏食、月全食和半影月食三种。月食只可能发生在农历十五前后。

色彩。他从神秘主义出发，把宇宙看作一个没有器官和四肢但是富有生命的构成，造物主把宇宙所造成一个完美的圆球，并赋予灵魂。正因为宇宙具有了灵魂，所以才能够绕着自己的轴进行旋转。这就是柏拉图的灵魂体系。对于天体运行，柏拉图依然坚持自己的“灵魂”说法，认为所有天体都是具有灵魂的神灵，而运动是它们自身的规律。

在柏拉图的著作里，有很多以地

★ 现在对于行星的共识是由太阳向外依次是水星、金星、地球、火星、木星、土星、天王星、海王星

球为中心的宇宙结构模型的相关描述，地球位于同心球壳的中央不动。柏拉图认为地球被厚度为两倍于地球半径的水包裹，水以外是空气，空气的厚度是地球半径的五倍，空气圈层以外是火，火层的厚度是地球半径的八倍，在火层之外就是人们常见的星。

柏拉图认为从地球中心到那些星星的距离大约是地球半径的十八倍。月球、太阳、水星、金星、火星、木星以及土星在空气层与恒星圈之间运行。此外，柏拉图还设计了一个正多面体宇宙结构模型。他希望通过不同的正多面体把内外两层的同心球壳联系起来。在每两个临近的球壳之间包含一个正多面体，正多面体的角和外球壳的内壁接触，它的面则和内球壳的外壁相切。

作为柏拉图的学生，亚里士多德在天文物理学上几乎完全沿袭了柏拉图的思想。在宇宙结构方面，亚里士多德把宇宙划分成八个天层，地球处在中心，之后依次分别是月球、水星、金星、太阳、火星、木星、土星等，在最外一层是恒星。

对于宇宙的演化，亚里士多德认为最外层的天的整体或部分是不变的，天的形态固定为球形。地球在宇宙的中心位置。同时，对于天地，他主张天上的存在是无生无灭、永恒不变的，而地上的事物却正好相反。

为了证明自己的宇宙观，亚里士多德又发表了证明言论。他说，在月食期间可以在月亮上看到地球影子的一部分或全部，它的形状是圆周的一部分或整个圆。他推算地球周长约为39 900海里（73 895千米）。这一数字虽然比现在科学测量的结果大了约85%，但却是有关地球周长的最早推算。

面对不同的宇宙观，究竟谁是宇宙的中心成为当时最大的争议。

若干年后，托勒密率先提出偏心圆与滚圆的运动体系，认为行星附缀在一个本轮或滚圆的小圆上，这个圆的中心在一个均轮的大圆上进行滚动，作为宇宙中心的地球处在离圆心不远的位置上。这一体系被叫作“托勒密体系”。

因为托勒密体系与亚里士多德体系存在着本质上的相似，所以它们被统称为“亚里士多德—托勒密体系”。它们在当时成为对天文宇宙的普遍认知，深深地影响了整个天文学领域乃至自然科学的发展。

太阳系八大行星

八大行星特指太阳系的八大行星，根据与太阳距离的远近，依次为水星、金星、地球、火星、木星、土星、天王星、海王星。1930年，由美国天文学家汤博发现的冥王星曾被认为是大行星，但随着一颗比冥王星更大、更远的小行星的发现，在2006年8月24日召开的国际天文学联合会第26届大会将其定义为矮行星，冥王星由此失去了原本太阳系第九大行星的地位。

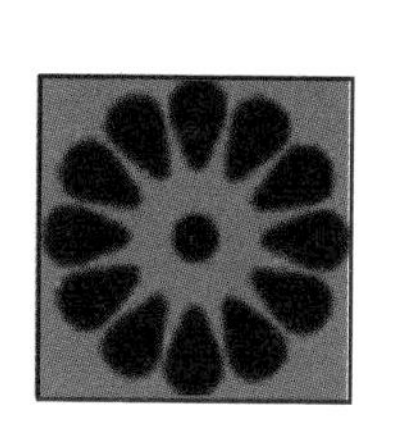

中世纪物理学的形态

引言

中世纪作为人类历史的一个节点，有着属于它的鲜明特色。它不仅见证了战火纷繁、时局动荡的黑暗时期，同时也在摸索中撞击着人类对于科学的渴求。或许人类的探索在这一时期经历了短暂徘徊，但依然不可否定有科技之光在闪烁。

中世纪在人类科学历程中是不得不提的一个时期。它是欧洲历史上的一个时代，从西罗马帝国灭亡开始，直到文艺复兴之后，资本主义萌芽为止。这期间，欧洲没有强大的政权统治，所以封建割据引起战争连续，致使科技和生产力发展停滞。

中世纪欧洲的“黑暗与没落”并不能代表全人类发展的状态，在欧洲以外，科学依旧按照区域的特点发生着诸多进步。

阿拉伯半岛物理学的兴起

阿拉伯人在中世纪继承和发展了古希腊的科学文化成果，并运用他们的聪明才智创造了灿烂的阿拉伯文明。善于学习的阿拉伯人在物理学领域大量吸收了古希腊的科学成就。十世纪后期，他们在物理学方面做了大量工作，并在光学和静力学领域取得显著成果。

★ 随着黑暗与动荡成为中世纪欧洲的主题，骑士便往往成为中世纪的一个象征符号

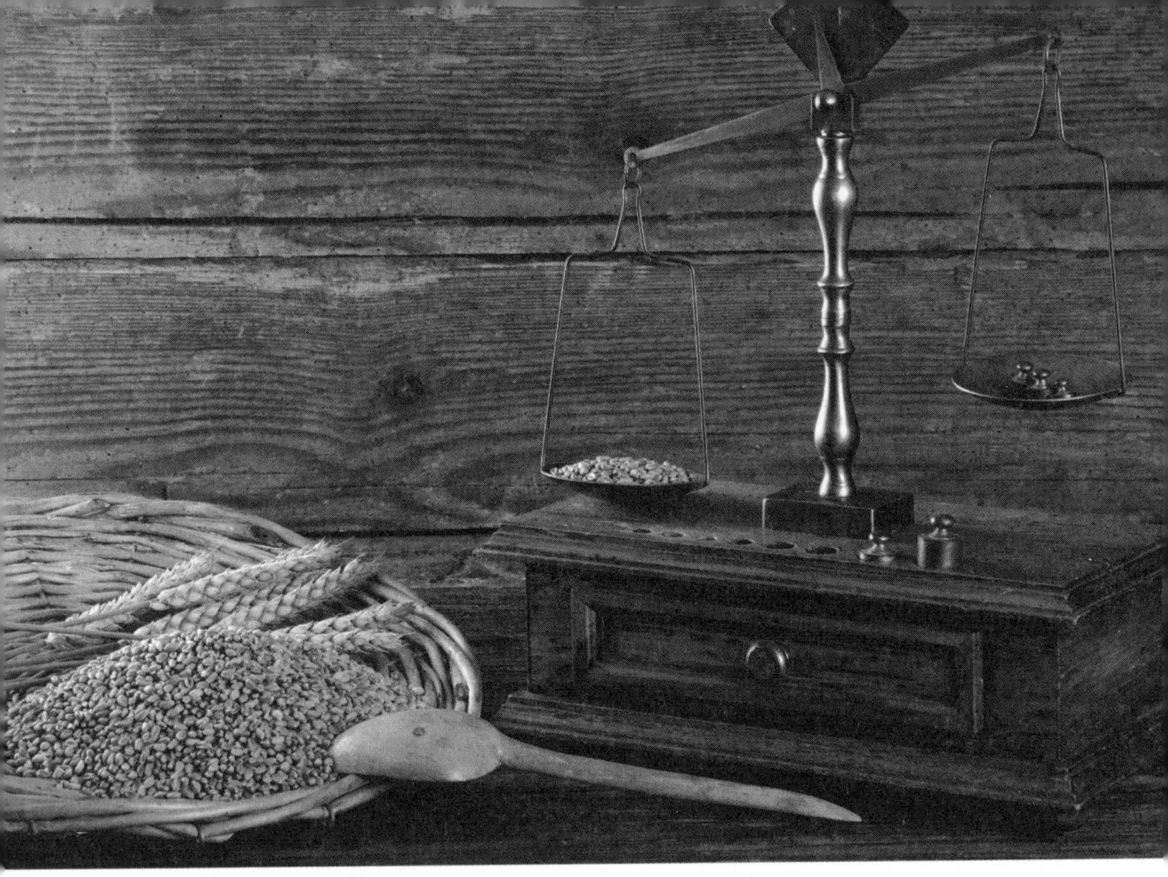

★ 秤的发明，是人们物理学知识积累的产物，同时也是发现新知识的工具

在光学研究领域，杰出的阿拉伯物理学家阿勒·哈增从古希腊人那里掌握了光反射时反射角等于入射角的反射定律。不仅如此，阿勒·哈增还大胆地纠正了托勒密的折射定律，并在这一基础上提出：入射光线、反射光线和法线居于同一平面。他认为托勒密的折射定律只有在入射角较小时才近似成立。

另外，阿勒·哈增还研究了视觉生理学。并且最早提出了“网膜”“角膜”“玻璃体”等专业概念。他批判了由柏拉图等古希腊学者提出的关于视觉是由眼睛发出光线的传统说法。他认为，视觉是在玻璃体中得到的。

正是阿勒·哈增对光学的积极研究探索，对近代光学的产生起到了极大的推动作用。

在力学方面，阿尔·哈兹尼发明了带有五个秤盘的杆秤。它除了具备普通杆秤的功能之外，还可以用一个

透镜

透镜是由透明物质比如玻璃、水晶等制成的一种光学元件。透镜是折射镜，它的折射面是两个球面（球面一部分），或一面为球面（球面一部分）、一面为平面的透明体。它所成的像有实像也有虚像。常见的透镜一般可以分为两大类：凸透镜和凹透镜。

能够移动的秤盘在没有砝码的情况下测量物体，并且能够在水里称量物体的质量。阿尔·哈兹尼在称量物体质量的同时，用水把一个带有向下倾斜喷嘴的容器灌满，水位达到喷嘴口，然后把被称量的物体浸入容器，通过测量溢出的水的质量，来测定物体体积。这个方法也是测算物体密度的方法。

此外，阿尔·哈兹尼还是把阿基米德的浮力原理从液体延伸到气体的第一人。他发现空气也有质量，并且“大气的密度随高度的不断增加，其密度越来越小，因此物体在不同高度测量时，质量会有所不同”。

虽然是基于古希腊人的物理学研究成果，但是阿拉伯地区的物理学成就在进行创新的过程中取得了更深入的成就，并且为之后的欧洲乃至世界物理学研究提供了大量丰富的资料和经验，有力地推动了欧洲物理学的复兴。

欧洲物理学的低迷

与中世纪阿拉伯科学的蓬勃发展相比，欧洲则显得萧条没落了许多。随着教会统治地位的加强，教会宣扬的教义成为当时的正统，而真正的科学研究却变得鲜有人问津了。这一时期，欧洲的物理学也处于一种“蜗行”状态。

虽然没有了之前迅猛的发展势头，没有了惊世的物理学大革新或是新发现，但欧洲还是取得了一些有趣的物理学成就。

★ 磁铁有两极，磁极之间永远是异性磁极相互吸引，同性磁极相互排斥

★ 眼镜的发明，从某种意义上来说，再一次为人类带来了光明

皮埃尔·德·马里古特约在1269年写了一本关于磁力实验的书稿。他发现，异性磁极相互吸引，同性磁极相互排斥；每根磁针折断分成两半时，折断后的两半又会变成分别带有不同磁极的磁针；用磁石与铁摩擦，可以使铁磁化；等等。

在14世纪中期，时任巴黎大学校长的琼·布里丹针对物体受力后继续运动这一现象，大胆地提出了一个自己的解释——“冲力说”。布里丹认为，施加到抛射体上的动力被直接施加到了抛射体上，而并非是空气中。冲力如果没有外力作用，那么物体将会一直保持匀速运动。最终，布里丹把冲力定义为“物体的质量与速度的乘积”，而这正是最早的动量概念。

布里丹运用“冲力说”，把天体运动与地面上物体的运动结合到一起；冲力蕴含了力能够改变运动而并非单纯的维持运动的想法；冲力概念把作用力由媒质转移到运动物体上，这又使人们能考虑没有媒质的真空。凭借这些成就，布里丹被视为现代动力学的奠基人之一。

这一时期的欧洲整体限于黑暗与动荡当中，所以很难出现大的科学突破，反倒是一些小的发明给这个沉默的时代增加了一些明亮。欧洲物理学家运用光被透镜折射的相关知识，测定出一些透镜的焦距，研究了透镜的组合，并且提出用透镜组合放大视像的大胆想法。13世纪中叶，随着玻璃镜的制造完善，眼镜诞生。这或许成为最贴近人们生活的物理学知识运用了，这个在“黑暗”时代诞生的发明为无数人带来了视觉上的便利！

纵观中世纪欧洲物理学的发展，虽然学术成就不多，并且有很多缺点，但是这一时期曾短期盛行的通过实验以及归纳法来获得一般原理和科学规律的方式方法，开始成为后来获得科学发现的主要方法。这无疑是中世纪欧洲物理学家为经典物理学的诞生所做出的不可磨灭的贡献。

中世纪宗教对科学的迫害

中世纪，愚昧、迂腐的教会敌视一切不合乎《圣经》的东西，包括新思想及科学等。历史上就有很多伟大的思想家及科学家被教会迫害。到中世纪，更出现罗马教廷的“宗教裁判所”及加尔文派的“宗教法庭”等合法机构迫害所谓的“异端”。

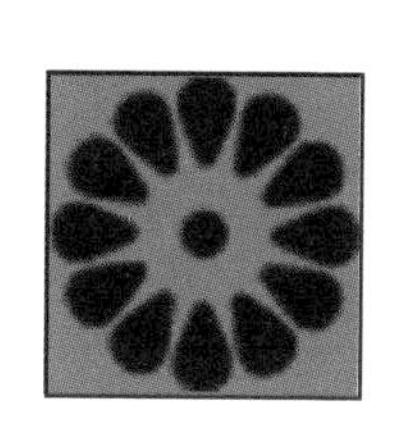

亚里士多德和他的“逍遥学派”

引言

在科学领域，因不同文化的发展以及地域差别，科学家往往形成自己的独特见解或主张，久而久之，就演变成了派别。物理学中，就有一个以亚里士多德为代表的“逍遥学派”。走近逍遥学派，也就能够走近那一时期的物理学形态。

物理学的发展，在不同的时期呈现出不同的形态，不同的学者也总是提出不同的学说与主张。在反对或是认同的选择上，学者们总有自己的倾向，于是也就有了派别之分。

逍遥学派就是诸多派别当中的一个，它的当家掌门就是著名的亚里士多德。

亚里士多德是现实主义的开山鼻祖，他主张一切从现实出发，这与他的老师柏拉图可以说是背道而驰。虽然他在哲学、政治学甚至教育学上的成就或许要高于物理学，但是他在物理学领域所达到的高度依旧是不可小觑的。尽管他所提出的物理学观点最终被牛顿总结的物理学定律所取代，但是他关于物理学的思想深刻地影响了中世纪学术思想的发展，影响甚至深远至文艺复兴时期。

因为亚里士多德经常带着弟子在他所创建的吕克昂学院前的树林里讲学、讨论，所以人们称他们这一学派为“逍遥学派”。

逍遥学派并没有任意逍遥，他们以亚里士多德为代表的学者所提出的主张或学说都是从实际出发。亚里士多德认为自然界中一切事物都是由质

★ 大师亚里士多德

★ *地球在一部分人的认识中曾经是宇宙的中心，诸多天体绕着它运动*

料构成，并且运动和变化是其本身的状态。他提出空间运动伴随着其他种类的运动进行。空间和位置是所有运动的普遍条件。亚里士多德把时间解释为按照先后来计量运动。他认为，如果运动是永恒的，那么时间也一样是永恒的。对于构成物体的质料，他认为地球和天体是由不同的质料组成，地球上的物质由水、气、火、土四种元素构成，天体由第五种元素“以太”构成。

面对宇宙中心究竟是什么的问题上，亚里士多德坚决地站在了地心说这一边。在以他为代表的学派里，他们主张：宇宙是球体，地球以固定不

神秘的“以太”

“以太”是古希腊哲学家亚里士多德所设想的一种物质，为五元素之一。19世纪的物理学家认为，它是一种假想中的电磁波的传播媒介。但后来的实验和理论表明，如果不假定“以太”的存在，很多物理现象可以有更为简单的解释。也就是说，没有任何观测证据表明“以太”存在，因此“以太”理论被科学界所抛弃。

动的形态居于宇宙中心，在地球外面是数十层中空球形的天宇，恒星天是最外的一层。

亚里士多德在人类文明史上名声显赫，然而他的物理学“成就”却大都被人推翻否定。

在物理力学领域，亚里士多德可以说成就颇丰，然而他最为人所知的，却是他所犯的错误。他提出“凡是运动的物体，一定有推动者在推着它运动”这一假设。他认为，假如人们看到一个物体在移动，就一定会有另外一个物体在推动它；当失去物体的推动时，它的移动就会自然停止。他认为，这种推动是一个推着一个的，不能无限制地追溯上去，在这之中，“必然存在第一推动者”。这种说法与中世纪教会所说的上帝为第一推动者不谋而合，于是这种说法让亚里士多德的学说成为当时的权威学说。直到牛顿力学体系的形成，才让力学学说回归科学。

不得不提的还有一个亚里士多德的错误观点，它也让另一位科学家——伽利略声名鹊起。

亚里士多德相信物体下落的速度与物体本身的重量有着直接关系。他认为，较重物体的下落速度肯定比较轻物体的下落速度快。这个观点一直让人们深信不疑，直到16世纪，伽利略站了出来，将两颗分别重10磅（4.536千克）和1磅（0.4536千克）的铁球同时从比萨斜塔上扔下。随着两

★ 比萨斜塔在本身就蕴含着诸多物理学知识的同时，更见证了当年“两个铁球同时落地”的著名实验

颗不同重量铁球的同时落地，亚里士多德“重量决定速度”的说法也正式宣告终结。

比萨斜塔在本身就蕴含着诸多物理学知识的同时，更见证了当年“两个铁球同时落地”的著名实验。

在力学以外的光学领域，亚里士多德相信，白色是唯一至纯的光，而日常大家见到的各种其他颜色是光在某种原因影响下发生的变化，它们是不纯净的。这一说法再次成为人们普遍认可并相信的真理。这种状况一直延续到17世纪。科学界总是有人试图推翻原有的理念，建立新的学说。这时，牛顿站了出来。牛顿把一个三棱镜放在阳光下，阳光穿过三棱镜后，在光屏上形成了红、橙、黄、绿、蓝、靛、紫七种颜色组成的光带。这个现象让牛顿得到与之前人们所深信的说法完全相反的结论：白色光是由这七种颜色的光所组成的。

至此，亚里士多德的白色纯净光一说也被宣判了死刑，但是这并不能抹杀他在物理学领域所做出的杰出贡献。亚里士多德与以他为代表的逍遥学派仍是物理学史上不可磨灭的篇章。

吕克昂学院

吕克昂学院是古希腊的亚里士多德于公元前335年在雅典所创办的学校。因校址临近吕克昂神庙（即阿波罗神庙）而得名。亚里士多德亲自主持该校至公元前323年，后由其弟子接管，一直存在到公元529年。该校是逍遥学派的活动中心，也是古希腊、古罗马科学发展的中心之一。

★ 阳光透过三棱镜在显示屏上形成的光就像自然界中的彩虹一样

中国古代的物理学成就

勤劳而智慧的古代劳动者在荒芜中用汗水缔造出古老的华夏文明，进而成为人类记忆中无法挥散的永恒经典。

在中国古代，自夏、商、西周起，随着手工技术的发展，实践中的物理知识开始积累。春秋战国时期，科学技术蓬勃发展，中国古代物理学开始形成；秦汉时期，出现了一个发展高峰；宋元时期，达到鼎盛。与同期的西方相比，此时中国的科技文化都处于世界领先地位。明末至清初以后，受政治等因素影响，科学和科学技术的发展逐渐落后于西方。

物质本原思想

阴阳与五行

阴阳是中国古代哲学的一对范

★ 华夏文明，古老而神奇

畴。阴阳的最初涵义是表示阳光的向背，向日为阳，背日为阴。后来，又给它赋予了一定的意义，把自然界和社会上一切对立的现象抽象为阴阳，用阴阳这个概念来解释自然界两种对立和相互消长的物质势力，用来解释天文气象、四季变化、万物兴衰等自然现象。

阴阳学说认为：阴阳的对立统一运动，是自然界一切事物发生、发展、变化及消亡的根本原因，是自然界一切事物运动变化的固有规律。阴阳的对立和消长是宇宙的基本规律。

五行说在殷末就已经普遍流传；春秋战国时期，五行说与阴阳说相结合，形成了阴阳五行说，五行的概念开始外延，形成了土、金、木、火、水五行相生相克、生克制化的关系。宋代以后，科学家们把五行作为由太极到万物的中间环节，五行被容纳于宇宙生成体系之中。宇宙由无极而生，由太极生出阴阳，由阴阳生出五行，由五行的相互作用，生出男女及世间万物。

元气说

中国古代的哲人们期望着将世界万物本源归结为一种统一的物质，认为世界应该是由一种连续分布于整个空间的物质所构成，而不像“五行说”是各种元素的组合。在“道”和“太极”的思想指导下，逐渐形成并发展成为在中国古代自然观中重要的、占主流地位的“元气说”。

元气说在春秋战国时期出现，在

★ 阴阳与太极，代表了古代很长一段时期人们对万事万物的认识总结

★　北宋哲学家张载

汉代逐渐成熟，经过唐、宋得到相当大的发展，明末清初达到高峰。由汉代的王充、唐代的柳宗元和刘禹锡为代表，形成了“元气自然论”；由宋代张载和明末清初的王夫之为代表形成了“元气本体论”。

1644年，笛卡儿提出以太旋涡理论，以解释原子间的虚空问题和超距作用。后经美国传教士丁韪良的考证，他认为，笛卡儿的以太论可能来源于张载的元气论。

物理学知识的积累

有关时间

干支纪年法：春秋时鲁隐公三年（公元前722年）二月己巳日至清宣统年（公元1911年）。“干支”是“天干”和“地支”的合称。

天干：甲、乙、丙、丁、戊、己、庚、辛、壬、癸。

地支：子、丑、寅、卯、辰、巳、午（戊）、未、申、酉、戌、亥。

天干和地支相互组合成“六十干支”：甲子、乙丑……癸酉、甲戌、乙亥……癸亥……共60个组合，也称“六十甲子”，周而复始，不断循环。

漏壶计时制：采用日晷或漏壶将一昼夜分为十时，一时分为十刻。“刻”是漏壶的基本计时单位，在竹或木制的箭上一百个等分刻度，其高度正好等于一昼夜漏壶滴水的高度。一刻大约等于现在的14.4分钟。

★　清华园里的日晷

计时仪器：圭表由圭和表垂直构成，是利用太阳投影指示时间的仪器。表为直立的杆子，圭为一平板，板上有刻度，由表向北延伸。

机械计时：东汉张衡于117年发明浑天仪，用于测定天体位置，一天转一周。后经唐宋发展，成为世界上最早的天文钟。

有关运动

运动与静止——《墨经》："动，域徙也……止，以久也。"这里的"以"是停止的意思，"边际徙者，户枢免瑟"指的是转动。

运动的相对性——《春秋纬·考灵曜》："地恒动不止，而人不知，比如人在大舟中，闭牖而坐，舟行而人不觉。"这比伽利略的相对性原理早了一千多年。

有关力学

杠杆原理——《墨经》中对不等臂天平的论述："衡，加重于其一旁，必捶，权、重相若也。相衡，则本短标长。两加焉，重相若，则标必下，标得权也。"

大气压力——西汉时期已开始使用虹吸管——渴乌，东汉时已广泛用于灌溉，唐朝已有隔山取水的大型引水工程。

力的应用——尖劈、辘轳、滑轮、水转连磨、水碓（舂米用具）、水排鼓风机（东汉时期南阳太守杜诗发明）、记里鼓车等。隋代李春建造的赵州桥，是我国古代留传至今最古老、跨度最大、弧度最浅的石拱桥，

★ 赵州桥经过无数岁月的洗礼，依然傲立于世

★ 随着科技的发展，热学知识极大地促进了高温冶炼技术的发展

距今已1400多年；公元1056年建造的山西应县的辽代木塔，是世界上现存的最高的古代木构建筑，高67.31米，经受近一个世纪的风雪袭击，12次六级以上地震，至今安然屹立。

热学知识

燧人取火开启了中国古代对火的使用先河，由此古人掌握了摩擦取火的技术，之后逐渐应用火烤制食物、制作原始瓷器等。

随着人类对火的认识加深，对于热以及热传播也有了基本的认识，并开始逐渐应用到生活当中。伊阳古瓶作为最原始的保温器具就是应用了热传播的知识。南宋洪迈《夷坚甲志》："张虞卿者……得古瓶于土中，置书室养花。方冬极寒，一夕忘去水，意为冰裂，明日视之，凡他物有水者皆冻，独此瓶不然。异之，试之以汤，终日不冷……惜后为醉仆触碎，视其中，夹底厚二寸。"

热能与热功

中国古人在公元前2世纪就已经开始用煤，这在《山海经》等著作中都有记载。石油的记载最早见于《汉书·地理志》。

殷商时期在高温冶炼铸造技术方面就已卓有成效：殷代文物后母戊鼎、商代的四羊尊、战国的铜尊盘、秦始皇陵的大型铜马车等。春秋末期制造的白口铁和中碳钢剑，表明当时的冶炼炉已可达到1 300℃的高温。

火药与火箭

唐代医药学家孙思邈在《孙真人

丹经》中记载了世界上最早的火药配方，即硫黄、硝石、皂角一起烧的硫黄伏火法。

对于火箭，在中国古代很多著作中都有所提及。《三国志·魏志·明帝纪》："诸葛亮围陈仓，曹真遣将军费曜等拒之。"裴松之注引三国魏鱼豢《魏略》："昭（郝昭）于是以火箭逆射其云梯，梯燃，梯上人皆烧死。"司马光《涑水记闻》卷十二："知州苗继宣，拍泥以涂藁，积备火箭射贼。"清顾炎武《汝州知州钱君行状》："贼以火箭射城上，城上发礮应之。"

光学的认识

中国古代认为气是宇宙万物之源，光为火，火为五行之一，五行是气的产物，因此光的本质是气。对于光的传播，有"光行极限说"，认为光的传播有一定的范围，《周髀算经》中有"日照四旁各十六万七千里"。

小孔成像

宋末元初的赵友钦做了一个关于小孔成像的实验。这一实验在中国古代科技史上占有重要地位。其实验目的明确，设计合理，步骤清晰，结果可靠，是中国物理学史上的一个首创。

实验中他固定几个条件，改变一个条件来观察成像情况。实验步骤依次分为：改变孔的大小，比较成像情况；改变光源强度，做日食、月食模拟实验；改变像距；改变光源距离，观察小孔成像的变化；改变孔的大小和形状，做大孔成像实验。

★ 照相机就是小孔成像原理的应用

电磁学知识

摩擦起电——西晋张华《博物志》记载：“今人梳头，脱着衣时，有随梳、解结有光者，也有吒声。”

雷电现象——沈括《梦溪笔谈》：“雷火自窗间出，赫然出檐，人以为堂屋已焚，皆出避之，及雷止，其舍宛然，墙壁窗纸皆黔（黑）。有一木格，其中杂储诸器，其漆器银扣者，银悉熔流在地，漆器曾不焦灼。有一宝刀，极坚刚，就刀室中熔为汁，而室亦俨然。”明代方以智：“雷火所及，金石销熔，而漆器不坏。”

磁性——《吕氏春秋》：“慈石召铁，或引子也。”《鬼谷子》：“慈石取针。”高诱注释《吕氏春秋》时指出：“石，铁之母也，以有慈石，故能引其子。石之不慈者，亦不能引也。”

磁的应用

战国时期发明的司南，是我国古代辨别方向用的一种仪器。用天然磁铁矿石琢成一个勺形的器物，放在一个光滑的盘上，盘上刻着方位，利用

★ 产生静电时，头发会自然立起来

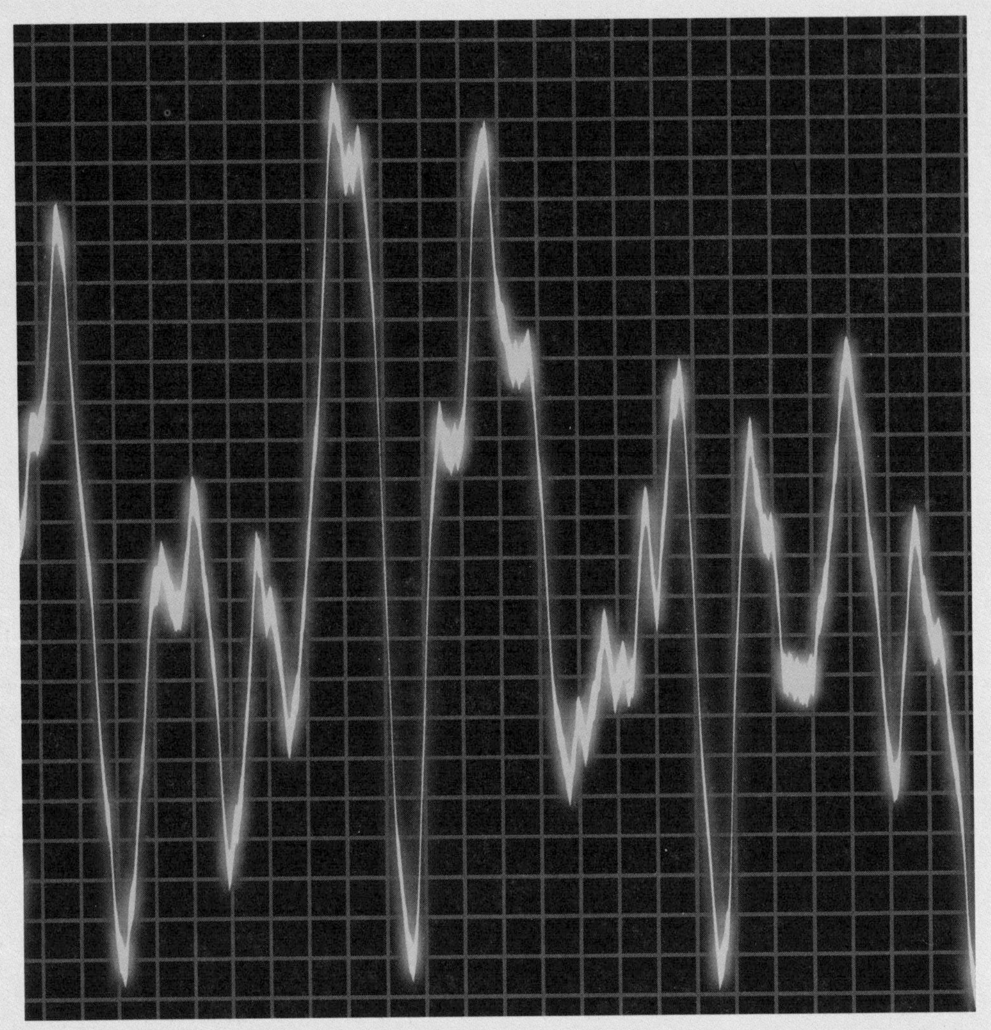

★ 根据对声波的认识，随着科技的发展，在后来的生活中得到大量应用

磁铁指南的作用，可以辨别方向，是现在所用指南针的始祖。

对声学的认识

声音的传播——东汉思想家王充发现，声音在空气中的传播形式和水波相似。他在《论衡·变虚篇》中说："鱼长一尺，动于水中，振旁侧之水，不过数尺，大若不过与人同，所振荡者不过百步，而一里之外淡然澄静，离之远也。今人操行变气远近，宜于鱼等，气应而变，宜与水均。"这段描述中，前一句描写了鱼搅起水浪的大小与浪花传播距离远近的关系。后一句指出，人的言语行动也使空气发生变化，变动的情况和水波一样。

此外，王充在这里还表达了另一个科学思想：波的强度随传播距离的增大而衰减。鱼激起的水波不过百步，在一里之外消失殆尽；人的言行激起的气波和鱼激起的水波一样，也是随距离而衰减的。可见，王充是世界上最早向人们展示不可见的声波图景的，也是最早指出声强和传播距离的关系。

天文学研究

除了盖天说、浑天说等天文学说以外，中国古代对于宇宙天体的观察一样取得了卓越的成就。

世界天文史学界公认，我国对哈雷彗星观测记录久远、详尽，没有哪个国家可以相比。我国公元前240年的彗星记载，被认为是世界上最早的哈雷彗星记录。从那时起到1986年，哈雷彗星共回归了30次，我国都有记录。1973年，我国考古工作者在湖南长沙马王堆的一座汉朝古墓内发现了一幅精致的彗星图，图上除彗星之外，还绘有云、气、月掩星和恒星。天文史学家对这幅古图做了考证研究后，称之为《天文气象杂占》，认为这是迄今发现的世界上最古老的彗星图。早在两千多年前的先秦时期，我们的祖先就已经对各种形态的彗星进行了认真的观测，不仅画出了三尾彗、四尾彗，还似乎窥视到如今用大望远镜也很难见到的彗核。这足以说明中国古代的天象观测是何等的精细入微。

★ 拖着长尾巴的彗星，总是能够给绚烂的夜空增添更多精彩

世界在人类的眼中总是从部分逐渐到整体，这或许就是人类认识逐步加深的缘故。在物理学中，物理学体系的建立也正是随着人们科学探索脚步的迈进而一点一点“搭建”起来的。这一过程是无比漫长而坎坷的，同时，在这个过程中，更是充满了无数耐人寻味的或幽默或凄婉的故事。正是它们，见证了物理学体系的形成。

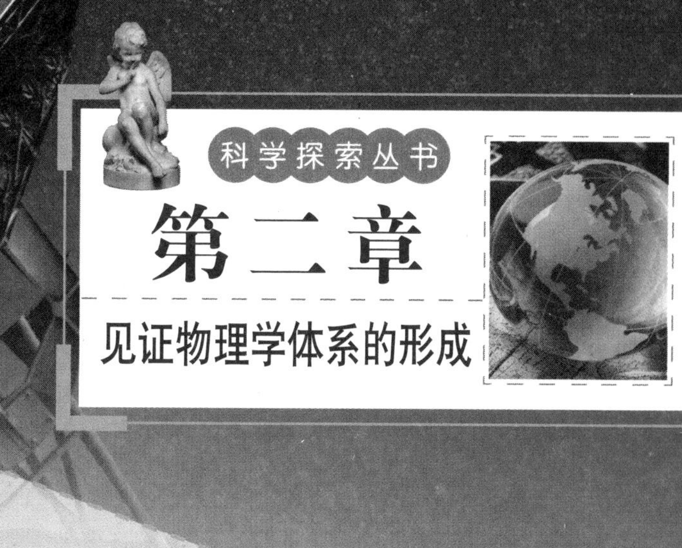

科学探索丛书

第二章

见证物理学体系的形成

杠杆“撬”出来的力学

引言：

“我不费吹灰之力，就可以随便移动任何重量的东西；只要给我一个支点，给我一根足够长的杠杆，我连地球都可以推动。”

——阿基米德

如果说自然科学是一种固有的存在，那么人类对于它的作用，或许就是发现并且利用它。这种发现与利用是一个无比漫长的过程。因为要经历不同的时代、不同的地域文化甚至不同的学者的参与，于是，这个过程就充满了趣味，往往一个自然学说的建立就是从一段趣味故事开始的。

阿基米德那句“给我一个支点，我能撬起地球”以及它前后发生的故事就是力学领域不能不提的一段“故事”。由此，我们或许能够窥见些许力学发现之初的情形。

古希腊物理学家阿基米德在亚历山大留学的时候，经常被埃及百姓提水所用的吊杆以及奴隶劳动时使用的撬棍所吸引。向来喜欢琢磨的他深受启发，认为借助一种杠杆能够实现省力的目的，并且手握点到支点的距离越大，所花费的力气就越小。在反复研究之后，他得出后来被奉为经典的杠杆原理：力臂和力成反比例关系！

或许是沉浸于新发现的喜悦当中，在后来写给当时国王亥尼洛的信中，阿基米德难掩兴奋：“我不费吹灰之力,就可以随便移动任何重量的东西；只要给我一个支点，给我一根足够长的杠杆，我连地球都可以推动。”

豪言能够“撬地球”的阿基米德很快迎来了挑战：叙拉古国王海维隆

★ 支点与力臂的组合构成了杠杆，这在扳手等工具中得到了充分体现

复式杠杆

复式杠杆是一组组合在一起的杠杆，前一个杠杆的阻力会紧接着成为后一个杠杆的动力。几乎所有的磅秤都会应用到某种复式杠杆机制。其他常见例子包括指甲钳、钢琴键盘。1743年，英国伯明翰发明家约翰·外艾特在设计计重秤时，突发奇想地想到了复式杠杆的概念。他设计的计重秤一共使用了四个杠杆来传输负载。

替埃及国王制造了一艘大船，因为船体太重，一直不能放进海里，这时国王想到了阿基米德："你不是宣称自己连地球都撬得动吗？那么现在就把这艘船放到海里吧。"

阿基米德成竹在胸，他巧妙地利用几种机械组合，组装出一部机具。到了国王规定的日期，阿基米德在众人的观望与议论声中将牵引着机具的绳子一端交给国王。国王按照阿基米德的话，轻轻一拉，大船果然乖乖地被送入水中。

至此，阿基米德那句"撬地球"的豪言使人们深深地信服，也是从此以后，杠杆越来越多地被人们利用在生产生活当中。力学也逐渐有了一个初始的概念。

随着生产力的发展，科学探索也有了进一步的深入。在阿基米德提出杠杆原理之后的漫长岁月里，伽利略通过实验分析、资料总结阐明了自由落体运动的规律，于是加速度这一概念正式被提出。

继伽利略之后，牛顿在延续先前科学大师的学术成果的同时，进行了自己独立的科学研究。他一边修正历史学说，一边提出了运动三定律。在人类科

★ 杠杆、滑轮等力学知识的运用，在起重机等现代生产设备中充分体现

财务中的杠杆效应

财务中的杠杆效应，即财务杠杆效应，是指由于固定费用的存在而导致的，当某一财务变量以较小幅度变动时，另一相关变量会以较大幅度变动的现象。也就是指在企业运用负债筹资方式时所产生的普通股每股收益变动率大于息税前利润变动率的现象。由于利息费用、优先股股利等财务费用是固定不变的，因此当息税前利润增加时，每股普通股负担的固定财务费用将相对减少，从而给投资者带来额外的好处。

学史上，牛顿运动定律的提出，标志着力学成为一门独立的学科。

力学“开山立派”之后，力学的研究对象逐渐从单个自由质点向受约束质点、质点系过渡。其后欧拉把牛顿运动定律用于物理流体的运动方程，由此引出连续介质力学。

在物理学领域，力学的招牌无疑就是经典力学。作为力学的分支，经典力学由牛顿理论体系和汉密尔顿理论体系组成。然而探寻经典力学的初始，它的奠基人却是伽利略以及与他同时期的物理学家们，正式创建者却是牛顿。为此，牛顿还有一句表现了他无比谦虚的名言：“如果说我比别人看得更远些，那是因为我站在了巨人的肩上。”

因为那时的经典力学更加注重对于速度、加速度、位移以及力等矢量关系的研究，所以这一时期的经典力学又常被称为“矢量力学”。

经典力学在前后物理学大师的传承、修正、补充下逐渐完善，并最终成为现代物理学领域举足轻重的一门构成。

物理学的发展经历了漫长的进程，而力学只是其中的一个缩影。在不断地研究求证中诞生，在争议与修正中发展。相信力学在人类文明进程中依旧处于一个阶段，一个不断发展的阶段。

★ 牛顿对于物理学的巨大贡献，让他成为人类历史上被永远铭记的科学巨人

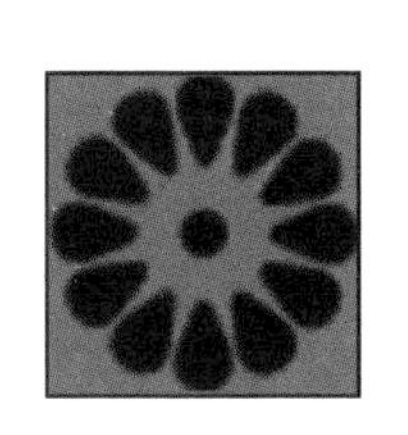

从物体振动中诞生的声学

引言

留心生活，往往就是获取真知的最佳途径。在人类走过的漫长岁月中，无论是真理定律，还是其他科学发现，往往离不开生活的启示，就像物体振动启发了人类对于声学的探究……

声音是人类听觉器官所能接收到的一种特殊信号，生活中各种声音构成了生动的世界。人类对于声音的研究形成了声学学科。虽然声音作为人类诞生之初就能接获的信息，和人类有着紧密的联系，但是现代声学的形成，却经历了漫长的过程。

从17世纪初期开始，人类正式开始了对声学的系统研究，这源于伽利略对物体振动的兴趣。看似平常的对于物体振动的研究，却无意间拉开了现代声学研究的原始序幕。

17世纪到19世纪，这段漫长的时

★ 钟是人类根据振动发声而发明出来的

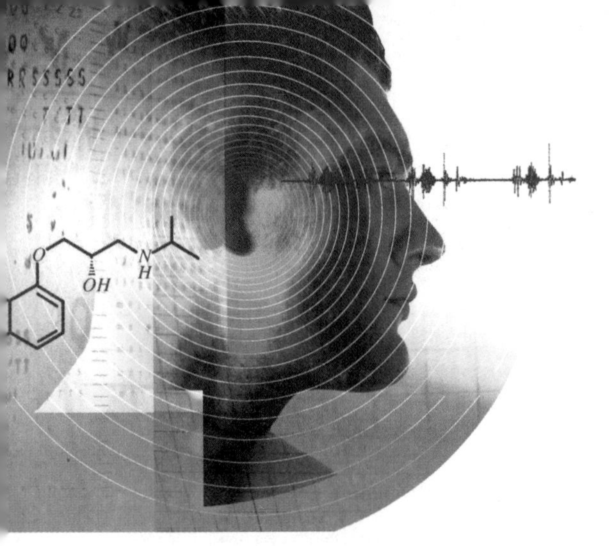

★ 声波是声音的传播方式，也是人耳所能接收到的声音讯号

间里，无数物理学家乃至数学家都对研究物体振动以及声音的产生原理产生了浓厚的兴趣，并付出了大量的研究工作。虽然这一时期迎来了声学研究的一个高峰期，但是对于声音传播问题的关注，却早就已经有了。

翻阅历史，早在2 000年前，中国和西方就开始有人将声音与水面波纹进行类比。到了1635年，有人开始在假设光传播不需要时间的情况下，尝试使用枪声测量声速。1738年，巴黎科学院通过炮声测得声速为332米/秒，这和科学数值331.45米/秒相差无几，在当时缺乏声学仪器的情况下，堪称奇迹。

1747年，J.L.R.达朗伯第一次推导出弦的波动方程，同时认为可用于声波。但是直到19世纪末，除了人耳以外，仍没有任何接收声波的仪器，人耳所能听到的最低声音强度大约是10^{-6}瓦/米^2。到了1843年，G.S.欧姆提出人耳能够把复杂的声音分解成谐波分量，并且按照分音大小判断音频，这被称为“欧姆声学理论”。

欧姆声学理论的提出，为人类研究声学提供了巨大启发。在这之后，才引起了后来所谓的室内音质以及建筑声学等的研究，并取得了一定的成就。1900年，美国物理学家赛宾通过实验推导得出混响公式，建筑声学正式成为声学领域下的一门科学。

虽然声学研究成果众多，但是一直也没有进行系统的归纳，直到19世纪后期英国科学家瑞利的出现，才改变了这一局面。他总结了19世纪以及此前两三百年里的诸多声学研究成果，并成功出版了两卷集经典声学大成的《声学原理》，由此开启了现代声学先河。

随着人类生产力的进步、科技的发展，20世纪在电子学的推动下，声学研究的范围已经达到很宽的范畴。

巴黎科学院

巴黎科学院的历史可追溯到17世纪初。当时，巴黎学界有不少小群体，其中比较著名的是梅森的小组。他们定期聚会，并且同当时学界的著名人物，如笛卡儿、伽桑狄、费马、帕斯卡等，都保持着长期的通信联系。1666年，在财政大臣科尔培的资助和安排下，卡西尼、惠更斯等一小群学者来到新落成的国王图书馆举行学术会议，之后每周两次。最终，科学院也就由此形成。

这时，使用电声换能器以及其他电子设备，能够产生接收并利用各个不同频率、波形的声波。

在声学的发展过程中，建筑声学和电声学最先作为它的分支出现。之后，又逐渐随着声音频率范围的扩展，形成了超声学和次声学，语言声学也得以发展。二战中，超声在水下的应用促进了水声学的形成。

在工业文明快速发展的情况下，噪声污染成为人类不得不面对的新问题。这时，噪声控制的研究被普遍重视，非线性声学得以形成并发展，加之逐渐完善的生物声学等，现代声学体系开始形成完整的轮廓以及体系。

建筑声学

作为声学的分支，建筑声学是研究建筑内部声音的传播、声音的评价和控制的学科，是建筑物理的重要组成部分。建筑声学的基本任务是研究室内声波传输的物理条件和声学处理方法，以保证室内具有良好的听闻条件，同时，研究控制建筑物内部和外部一定空间内的噪声干扰和危害。

★ 对声音的认识，让人类能够更好地在生活中使用声音，让它为人类生活带来更多帮助

解答疑问引出的光学

引言

好奇心是人类生来具备的。因为好奇心，人类有了对生活的诸多疑问，自然而然地就引出了对疑问的解答。在物理学中，正是由“人为什么能看见物体”这个疑问引出了光学。

视听是人类与生俱来的两种感觉能力。对于双眼来说，光是能够让双眼看到物体的先决条件。在自然科学里，光学也是构成物理学的不可缺失的分支学科，所以对于光学的研究，一直以来都是人类长期坚持的课题。

光学学科体系的形成更是凝聚了无数学者的辛勤与汗水。然而有趣的是，最初对于光学的研究却是为了解答一个疑问——人为什么能够看见身边的物体?

早在先秦时期，《墨经》就记载了影的概念，并描述了光的直线传播、小孔成像等，同时涉及平面镜等物像关系。这被认为是世界最早的光学知识。随后的漫长历史进程中，光学缓慢发展。直到17世纪初，菲涅耳和笛卡儿提出光的反射和折射定律，

★ 太阳光是自然界中最常见的光

《墨经》中的光与影

《墨经》中有八条论述了几何光学知识，它阐述了影、小孔成像、平面镜、凹面镜、凸面镜成像，还说明了焦距和物体成像的关系。这些比古希腊欧几里得（约公元前330－公元前275）的光学记载早百余年。

其中部分内容译文：

两个人，临镜而站，影子相反，若大若小。原因在于镜面弯曲。

镜子立起，影子小则是镜位斜，影子大则是镜位正中，是所谓以镜位正中为准，分内外的原理。

无论镜子大小，影只有一个。

影子不移，是所谓没改变的结果。

一止而二影，是所谓重复用镜的结果。

影子颠倒，在光线相交下，焦点与影子造成，是所谓焦点的原理。

影子在人与太阳之间，是所谓反照的结果。

影子的大小，是所谓光线所照地方的远近而造成的原理。

光学才迎来快速发展时期。

1665年，牛顿通过太阳光实验，提出了光谱的概念，让人们第一次认识到光的特征。此外，牛顿还发现：当白光照射到放在光学玻璃板上的凸透镜时，透镜与玻璃板接触处呈现出一组同心环状条纹；当照射光变成单一色时，条纹变成明暗相间。这组环状条纹，后来被称为牛顿环。

后来，牛顿根据光的直线传播特性，提出光的微粒子说。他认为，微粒从光源飞出，在均匀介质中遵循力学定律做匀速直线运动。然而面对牛顿的说法，惠更斯提出了反对意见，并创造了自己的光波动说，认为光与声音一样，通过球形波面传播。到19世纪初，波动光学诞生，经过菲涅耳的补充更新，“惠更斯—菲涅耳原理”正式被提出，它能够合理地解释光的衍射现象以及光的直线传播。

1846年，法拉第发现了光的振动面在磁场中能够发生旋转，由此证实了光学现象与磁学存在着内在联系。

此后的数十年间，光学在科学

★ 能起到放大效果的凸透镜

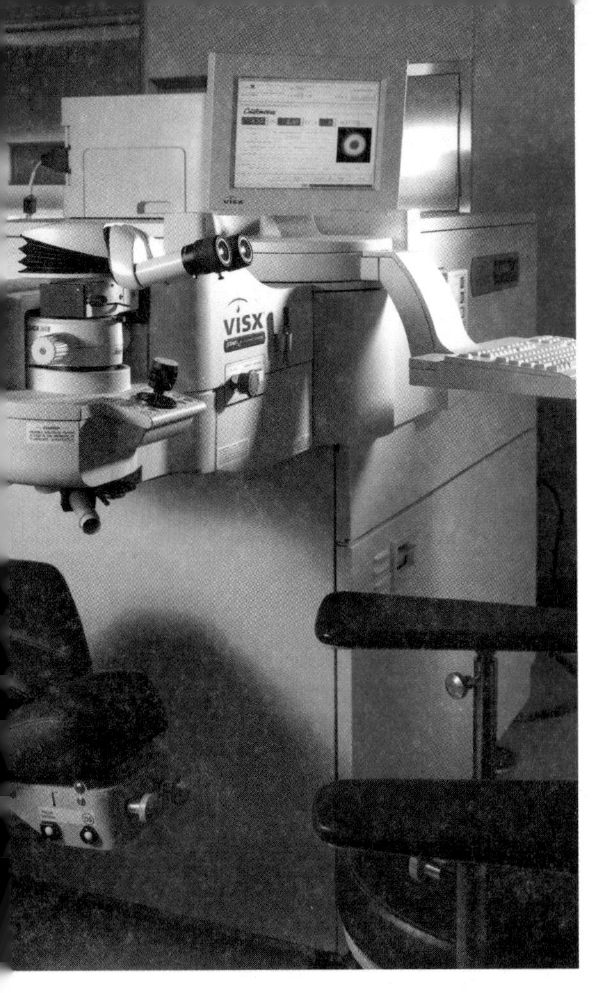

★ 激光近视治疗仪——随着科技的发展，现在社会中对于激光技术的应用已经实现了一种飞跃

家的不断探索中得以持续发展。1900年，普朗克提出量子论，认为各频率的电磁场，包括光等，只能通过各自分量的能量中从振子射出，由此进一步导出量子概念，把光的量子称为光子。

运用量子论，爱因斯坦解释了光电效应，并说明光与物质相互作用时，是以光子为最小单位来进行的。后来，在他发表的《关于运动媒质的电动力学》一文中，又详细地解释了运动物体的光学现象。

之后，爱因斯坦进一步开展研究，他提出：在一定条件下，假若能让受激辐射继续激发其他粒子，从而引发连锁反应，最终可以得到单色性极强的辐射，也就是激光。1960年，激光器首次研制成功，由此引发了科学技术的一次重大变革。

可以说，20世纪50年代以来，光学取得了突飞猛进的发展。这一阶段，人们将电子技术、应用数学、通信技术等理论与光学相结合，从而将光学应用推向了更加宽广的领域。

在经过无数科学家的不断探索之后，现代光学已经形成了相对完整的体系。其中，几何光学、物理光学以及量子光学成为光学体系中尤为突出的组成部分。它们不仅在物理学领域占据着重要地位，同时也对人类生产生活起着不可忽视甚至越来越重要的作用。

激光加工技术

激光加工技术是利用激光束与物质相互作用的特性对材料进行切割、焊接、表面处理、打孔、微加工或作为光源识别物体等的一门技术，传统应用最大的领域为激光加工技术。现在，激光加工技术已经被广泛应用到汽车、电子、电器、航空、冶金、机械制造等国民经济重要部门，对提高产品质量、生产效率、自动化水平，对降低污染、减少材料消耗等，起到越来越重要的作用。

电学，磁学，还是电磁学？

引言

有些事物之间的联系并不是显而易见的，它需要人去认真地加以发掘。只有深入分析，才能发现它们或许原本是“一家”。物理学领域，电学、磁学原本看似不相干的科学，却在人类的探索下逐渐显露出它们的内在样貌，于是人们称其为“电磁学”。

人类对于自然科学的认识，随着生产力以及科技的进步而加深，因为在认识初期，往往有着一定的局限。这也就不难理解，为什么在人类科技发展史上，对于一些概念的解读经常是先分裂后整合，先片面后整体。

在物理学里，电磁学就是一个最生动的例子。起初，人们对于电磁学的认识是割裂的，以为电学是电学、磁学是磁学。

最初，人们认为磁现象与电现象毫不相干。同时，随着磁学自身的发展，使得磁学内容不断扩充。这也在一定程度上促使磁学与电学成为两个看似平行的学科。

然而，这一局面是终究要被打破的，随着电流的磁效应以及变化的磁场电效应两个实验的成功，电学和磁学两个原本似乎“老死不相往来”的学科发展成为物理学中一个完整的体系，也就是电磁学。这两个实验加上麦克斯韦有关电场产生磁场的假设，成为了电磁学学科的基础，并促进了以后电工、电子技术的发展。

麦克斯韦电磁理论对于电磁学的整合起着巨大的作用，这不仅表现在它支配着所有宏观的电磁现象，还体现于它把光学现象也统一在这一框架之内。

人类对于电子的发现，促使电磁

★ 风车，是人类对电产生认识后所发明的，有时也能被看作电的象征

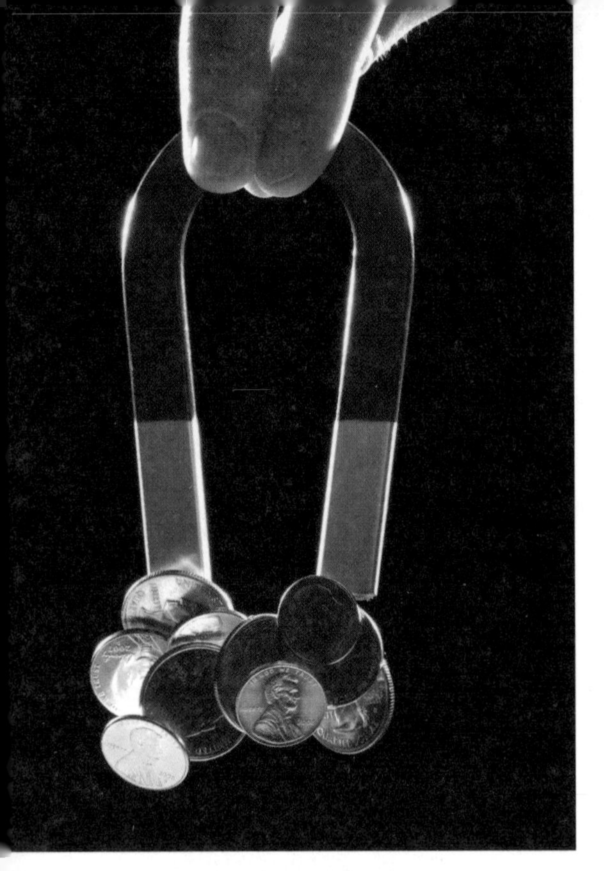

★ 磁铁与金属的磁现象

学同原子与物质结构的理论第一次结合起来。洛伦兹电子论的提出，把物质的宏观电磁性质归结成原子中电子的效应，进而完整统一地说明了电、磁、光现象。

19世纪后期，赫兹通过一个有着初级、次级两个绕组的振荡线圈开展实验，并不经意间发现当一个脉冲电流通过初级线圈时，次级绕组两端的狭缝中便会产生电火花。由此，赫兹得到启示，并猜测这应该是电磁共振现象。既然初级线圈的震荡能够让次级线圈产生电火花，那么它一定能够在附近介质中产生振荡的位移电流，同时，这个位移电流也会反向影响次级绕组的电火花产生强弱变化。

一年后，赫兹设计了一个感应器——直线型开放振荡器留有间隙环状导线C作为感应器，并把它置于振荡器AB附近，当脉冲电流通过AB并且在其间隙中产生电火花时，C的间隙同样有电火花产生。

1883年，赫兹开始尝试测定电磁波的速度，并在《论空气中的电磁波和它们的反射》一文中介绍了方法：利用电磁波形成的驻波测定相邻两个波节间的距离，再结合振动器的频率计算出电磁波的速度。他在一个大屋子的一面墙上钉了一块铅皮，用来反射电磁波以形成驻波。在相距13米的地方，他用一个支流振动器作为波源。用一个感应线圈作为检验器，沿驻波方向前后移动：在波节处检验器不产生火花，在波腹处产生的火花最强。用这个方法测出两波节之间的长度，从而可以确定电磁波的速度等于光速。

电子技术

电子技术是根据电子学的原理，运用电子器件设计和制造某种特定功能的电路以解决实际问题的科学。电子技术包括信息电子技术和电力电子技术两大分支。信息电子技术包括模拟电子技术和数字电子技术。电子技术是对电子信号进行处理的技术，处理的方式主要有信号的发生、放大、滤波、转换。

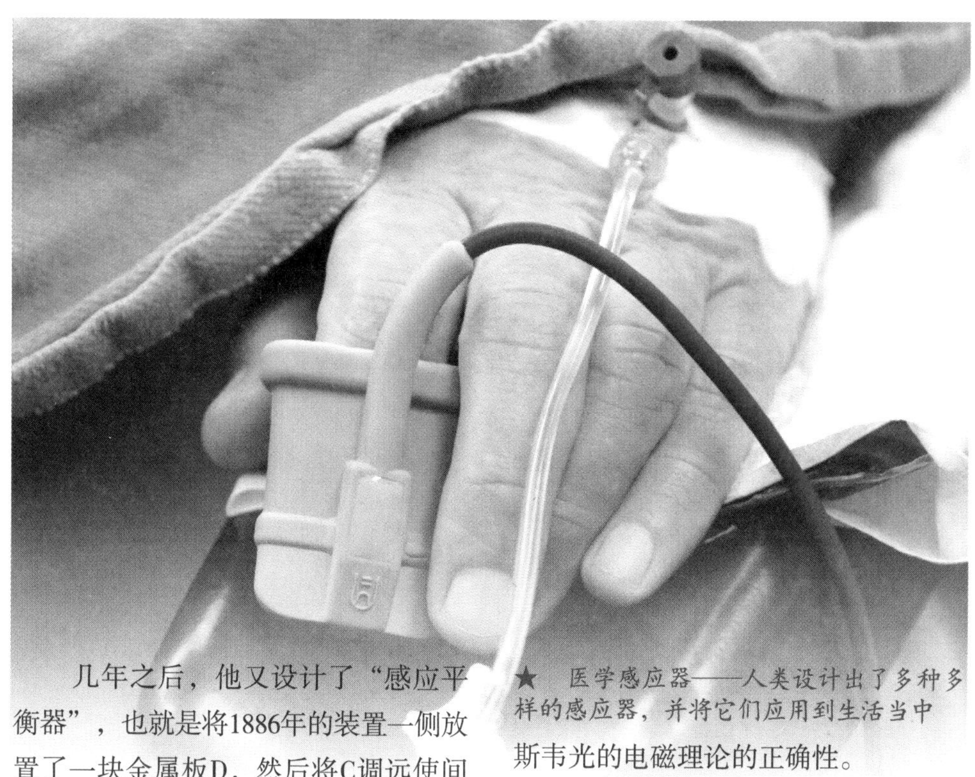

★ 医学感应器——人类设计出了多种多样的感应器，并将它们应用到生活当中

几年之后，他又设计了"感应平衡器"，也就是将1886年的装置一侧放置了一块金属板D，然后将C调远使间隙不出现火花，再将金属板D向AB和C方向移动，C的间隙又出现电火花。这是因为D中感应出来的振荡电流产生一个附加电磁场作用于C，当D靠近时，C的平衡遭到破坏。这一实验说明：振荡器AB使附近的介质交替极化而形成变化的位移电流，这种位移电流又影响"感应平衡器C"的平衡状态，使C出现电火花。当D靠近C时，平衡状态再次被破坏，C再次出现火花。这个实验从而证明了"位移电流"的存在。

在这之后，赫兹又利用金属面使电磁波做45°的反射、通过金属凹面镜使电磁波聚焦、用金属栅使电磁波发生偏振、用非金属材料制成的大棱镜使电磁波发生折射等，从而证明麦克斯韦光的电磁理论的正确性。

在经过赫兹的实验之后，麦克斯韦电磁场理论最终被人们承认。至此，由法拉第开创、麦克斯韦建立、赫兹验证的电磁场理论向全世界宣告了它的胜利。电磁学也正式建立了属于自己的完整体系。

频率单位：赫兹

海因里希·鲁道夫·赫兹是德国著名的物理学家。为纪念他在电磁学领域所取得的巨大成就，国际单位制中，频率的单位就以他的名字"赫兹"命名。赫兹是每秒钟的周期性变动重复次数的计量，其符号是Hz。

爱因斯坦创立的相对论

引言

一个科学家终其一生，总是能够找到可以表其毕生学术研究的成果。爱因斯坦或许不是因为相对论而在科学界家喻户晓，但是他所创立的相对论，却足以让他成为人类科学进程中永远的大师。

科学史从某个角度来看也可以说是“言论史”，某个科学家所提出的科学言论很可能就成为代表着这个领域的科学精髓。这一事实始终贯穿于人类科学探索的整个历程。

相对论作为爱因斯坦提出的著名理论，不仅颠覆了人类对于宇宙以及自然的传统认识，同时为人类导入了“时间与空间的相对性”“弯曲空间”“四维时空”等全新的理念。相对论在人类对自然以及科学的探索上，产生了巨大的影响。

相对论并不是一个单一的理论，它又分为狭义相对论和广义相对论，分别由爱因斯坦在1905年和1915年提出。

19世纪，随着麦克斯韦电磁场理论的提出以及证实，人们普遍相信宇宙中充满一种叫作“以太”的物质，电磁波正是以太振动的传播。后来，人们发现这种说法本身充满矛盾。假设地球是在静止的以太中运动，那么根据速度叠加原理，地球上沿不同方向传播的光速一定不同。1788年，迈克尔逊利用光的干涉现象进行了测量，但依旧没能发现地球存在相对于以太的任何运动。爱因斯坦对这一问题变换角度后进行研究，并指出只要

★ 时代伟人爱因斯坦

电磁波

电磁波，又称电磁辐射，是同相振荡且互相垂直的电场与磁场在空间中以波的形式移动。其传播方向垂直于电场与磁场构成的平面，有效地传递能量和动量。电磁辐射可以按照频率分类，从低频率到高频率，包括有无线电波、微波、红外辐射、可见光、紫外辐射、X射线和伽马射线等等。

抛开牛顿的绝对时间概念，所有问题都会随之解决，完全不需要以太。

在经典物理学领域，时间向来被认为是绝对的，它始终作为不同于三个空间坐标的独立角色存在。直到爱因斯坦相对论的提出，才把时间与空间联系在一起。同时，它提出物理的现实世界中每个事物都有四个数来解释，并由这些数构成了它们的四维坐标。

在狭义相对论的影响下，产生的另外一个成果就是有关质量与能量关系的说明。在爱因斯坦相对论提出之前，科学界一直认为能量和质量是分别守恒的两种完全不同的量。然而，在爱因斯坦的相对论中，它们却是密不可分的，于是他提出一个著名的质量-能量公式：$E=mc^2$（其中c为光速）。在这里，质量被看作是能量的量度。面对爱因斯坦的这些新概念，整个物理学界很难接受。于是，爱因斯坦的狭义相对论一直处于一种尴尬的境地。

在狭义相对论提出后，虽然受到整个物理学界甚至科学界的抵制，但是爱因斯坦依旧坚持自己的研究。在狭义相对论提出十年后，也就是1915年，他再次提出了广义相对论。

在狭义相对论中，狭义相对性原理还局限于两个相对匀速运动的坐标系，而广义相对论则取消了匀速运动这一限制。在这里，爱因斯坦引入了一个等效原理，提出任何加速和引力都是等效的。在此基础上，爱因斯坦分析了光线在行星附近传播时会受引力而发生弯曲的现象。他认为，可以不考虑所谓的引力概念，而是行星的质量使其附近的空间变得弯曲。根据这些研究，爱因斯坦导出了一组方程，它们能够确定由物质的存在而产生弯曲的几何。

1915年，爱因斯坦在一篇提交给普鲁士科学院的论文里对广义相对论做了完整详细的论述。在论述里，

★ 武汉大学校园内的爱因斯坦塑像——爱因斯坦一生为科学所做出的贡献，使其成为全人类共同尊敬的一代大师

★ 八大行星中最小的水星，也是距离太阳最近的行星，按照特定的轨道，绕日公转

爱因斯坦在解释了天文观测中发现的水星轨道近日点移动之谜，同时预测星光经过太阳附近会发生偏折，折角大约是牛顿预言的两倍。1919年，汤姆逊在英国皇家学会、皇家天文学会联席上郑重宣布了爱因斯坦成果的科学性，并称赞相对论是人类思想史上最伟大的成就之一，是思想界的新大陆。《泰晤士报》对这一事件进行了新闻报道，由此，爱因斯坦的广义相对论被广泛接受。

相对论的提出，再一次革新了人们对于自然的认识。虽然从提出到获得认可经历了漫长的过程，但不可否认的是，它一经被认可，便对物理学乃至整个科学界产生了深深的影响。

英国皇家学会

英国皇家学会是英国政府资助的促进科学发展的组织，成立于1660年，英国女王是学会的保护人。其全称“伦敦皇家自然知识促进学会”，学会宗旨是促进自然科学的发展。它是世界上历史最长而又从未中断过的科学学会，在英国起着国家科学院的作用。

学会成立以来，已经和很多国内外科学组织建立了互利的合作关系。英国皇家学会是国际科学联合会的创始成员国之一，并一直在欧洲科学基金会中发挥积极作用。英国皇家学会还与无数的其他国际组织保持着紧密的联系，为推进世界科学进步做出自己的贡献。

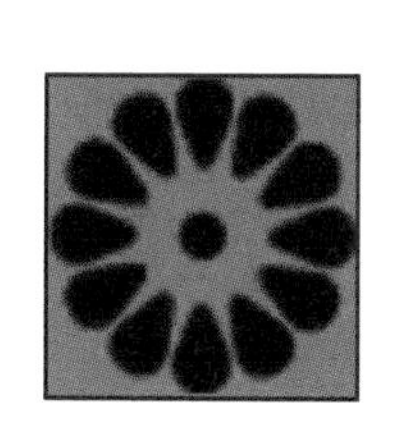

由太阳光谱走出来的天体物理学

引言

天体，这个充满着神秘、似乎永远高渺的科学概念，纵然遥不可及，却从来都是人类目光的焦点。于是后来，当人类发现了太阳光谱，沿着这条从天体获取的“线索”，人类开始了天体物理学的研究。

自古以来，宇宙就深深地吸引着人们探索的目光。对于宇宙天体的猜想自人类诞生之初，便从未停止。在长期的探索过程中，慢慢形成了一门学科，这就是天体物理学。

天体物理学作为物理学的一个分科，不论是在物理学体系还是人类实际生活中都产生着巨大的影响。

19世纪中叶，基尔霍夫根据热力学规律断言太阳上存在着一些和地球上一致的化学元素。这被看作是理论天体物理学的开端。

理论天体物理学的发展紧密地依

★ 由最原始的对于宇宙的好奇，人类在探索中收获了更多真知

★ 星系是宇宙中庞大的星星的“岛屿”，它也是宇宙中最大、最美丽的天体系统之一

赖于理论物理学的进步，几乎理论物理学每一项重大的突破，都会极大地促进理论天体物理学的进步。20世纪20年代初，随着量子论的建立，使深入研究恒星的光谱变得更加现实，并由此建立了恒星大气的系统理论。20世纪30年代，在原子核物理学取得了一定的发展之后，对于恒星能源的疑问得到了解决，进而使恒星内部结构理论迅速发展。在这一基础上根据赫罗图的实际测量结果，最终确立了恒星演化的科学理论。1917年，爱因斯坦通过广义相对论分析宇宙的结构，创立了相对论宇宙学。1929年，哈勃发现了河外星系的谱线红移与距离间的关系。之后，人们利用广义相对论的引力理论来分析有关河外天体的观测资料，探索大尺度上的物质结构和运动，于是慢慢就形成了现代物理学。

自公元前129年古希腊学者目测恒星光度起，经过1609年伽利略通过光学望远镜观测天体、绘制月面图，到1655年惠更斯发现土星光环和猎户座星云，哈雷发现恒星自转，再到18世纪老赫歇耳开创恒星天文学，这段时期被称为是天体物理学的孕育时期。

19世纪中叶，三种物理方法——分光学、光度学和照相术被广泛地应用到天体的观测研究，对天体的结构、化学组成、物理状态的研究渐渐形成完整的科学体系，天体物理学开始成为天文学的一个独立的分支。

天体物理学的发展，促使天文观测和研究不断出现新成果和新发现。1859年，基尔霍夫对夫琅和费谱线做出了科学解释。他认为，夫琅和费谱线是光球所发出的连续光谱被太

河外星系

河外星系，位于银河系之外，由几十亿至几千亿颗恒星、星云和星际物质组成的天体系统。目前，已发现大约十亿个河外星系。银河系也只是一个普通的星系。人们估计河外星系的总数在千亿个以上，它们如同辽阔海洋中星罗棋布的岛屿，故也被称为“宇宙岛”。

阳大气吸收而形成的。这一发现推动了天文学家用分光镜研究恒星。几年以后，哈根斯用高色散度的摄谱仪观测恒星，辨认出某些元素的谱线；之后，他根据多普勒效应又测定了一些恒星的视向速度。1885年，皮克林第一个使用物端棱镜拍摄光谱，尝试光谱分类。通过对行星状星云和弥漫星云的研究，他在仙女座星云中发现了新星。这些发现使天体物理学不断向广度和深度发展。

20世纪初，赫茨普龙在以往的观测基础上将部分恒星分为巨星和矮星；1913年，罗素按绝对星等与光谱型绘制了恒星分布图。赫罗图就此问世。三年以后，亚当斯和科尔许特发现相同光谱型的巨星光谱和矮星光谱存在细微差别，并确立用光谱求距离的分光视差法。

在天体物理理论方面，1920年，萨哈提出恒星大气电离理论，通过埃姆登、史瓦西以及爱丁顿等人的研究，有关恒星内部结构的理论逐渐完善；1938年，贝特提出了氢的同位素聚变为氦的热核反应理论，成功地解决了主序星的产能机制问题。

1929年，随着哈勃定律的提出，星系天文学获得了快速发展。1931—

★ 对光谱的认识与应用，为人类提供了巨大的帮助

1932年，央斯基发现了来自银河系中心方向的宇宙无线电波。20世纪40年代，英国军用雷达发现了太阳的无线电辐射，从此，射电天文学蓬勃发展起来。到20世纪60年代，人类通过射电天文手段又先后发现了类星体、脉冲星、星际分子、微波背景辐射等。

1946年，美国开始用火箭在离地面30～100千米高度处拍摄紫外光谱。1957年，苏联发射人造地球卫星，为大气外层空间观测创造了条件。在这之后，美国、欧洲、日本也相继发射用于观测天体的人造卫星。从此，天文学进入全波段观测时代。

哈勃望远镜

哈勃空间望远镜命名自天文学家爱德温·哈勃，它是在轨道上环绕着地球的望远镜。它的位置在地球的大气层之上，因此获得了地基望远镜所没有的好处——影像不会受到大气湍流的扰动，视相度绝佳又没有大气散射造成的背景光，还能观测会被臭氧层吸收的紫外线。哈勃空间望远镜于1990年发射之后，已经成为天文史上最重要的仪器。它填补了地面观测的缺口，帮助天文学家解决了许多根本上的问题，对天文物理有更多的认识。

★ 现代社会，专业领域应用的雷达

科学体系的建立，无法离开伟大的科学家的持续探索与钻研。在物理学体系逐渐形成并得以完善的过程中，有着无数科学家的付出，正因为如此，人类历史永远地记录了他们的故事。也许他们人数众多，但是往往从一位大师的身上就能窥见这个高士汇集的群体。

力学——牛顿

1643年，艾萨克·牛顿出生在英格兰林肯郡乡下的一个小村落。牛顿出生前三个月，他的父亲便已去世。因为早产，牛顿显得异常瘦弱。当时，人们都担心这个小家伙是否能够活下来。在牛顿三岁时，他的母亲改嫁给了牧师巴纳巴斯·史密斯。于是，牛顿被托付给了他的外祖母玛杰里·艾斯库。

五岁左右，牛顿被送到公立学校读书。那时，他资质平常、成绩一般，但他喜欢读书，尤其是一些介绍各种简单机械模型的书籍，并且在看书的同时，他喜欢动手去试着制作脑子里想到的小东西。

几年以后，牛顿来到离家不远的格兰瑟姆中学读书。他的母亲非常希望他成为一个地道的农民，但牛顿却不这么想。随着年岁的增长，牛顿对书的兴趣越发浓烈，喜欢沉思，做科学小实验。

后来迫于生计，母亲让牛顿停学

★ 为纪念牛顿而发行的牛顿主题邮票

★ 作为人类历史上伟大的科学家，牛顿对于科学的执著始终激励着人们奋进

在家务农，赡养家庭。但对学习如饥似渴的牛顿却并没有就此放弃学习。于是，他经常一边干着手里的活，一边捉摸着脑子里出现的疑问。最终，牛顿的好学感染了他的舅舅，在舅舅的劝说下，母亲同意让牛顿复学，并鼓励牛顿上大学读书。

1661年，牛顿如愿进入了剑桥大学的三一学院学习。在那时，虽然学院的教学理论基于亚里士多德学说，但牛顿更喜欢阅读笛卡儿等现代哲学家以及伽利略、哥白尼和开普勒等天文学家更先进的思想。

在大学毕业前后的一段时间里，他发现了广义二项式定理，并开始了后来人们所熟悉的微积分研究。1665年，牛顿获得了学位。因为当时疫病流行，大学被迫关闭，终止了他继续学习的愿望。在回到家乡以后，牛顿继续研究微积分、光学和万有引力定律。

在微积分以及光学等取得了巨大成就之后，1679年，牛顿重新回到力学研究当中。他将研究成果写进了《物体在轨道中之运动》里，并在后来的《自然哲学的数学原理》中进行了重新提炼。

随着《自然哲学的数学原理》的发表，牛顿迅速赢得了世界科学界的认可，由此奠定了自己在人类科学进程中永恒的地位。

光学——惠更斯

克里斯蒂安·惠更斯，1629年4月出生在荷兰海牙。惠更斯自幼聪敏，对科学有着与生俱来的痴迷。

他是世界知名物理学家、天文学家、数学家和发明家，还是机械钟（他发明的摆钟属于机械钟）的发明者。他的父母是大臣和诗人，与笛卡儿等学界名流交往甚密。1645—1647年，他在莱顿大学学习法律与数学；1647—1649年，他转入布雷达学院深造。在阿基米德等人的著作及笛卡儿等人的直接影响下，惠更斯致力于力学、光波学、天文学等科学的研究。他在钟摆发明、天文仪器的设计以及光的波动理论方面有着突出的见解。

1663年，惠更斯被英国皇家学会聘为第一个外国会员；1666年，被刚成立的法国皇家科学院选为院士。体弱多病的惠更斯一生致力于科学事业，终生未娶，1695年7月8日在海牙逝世。

在惠更斯有限的人生当中，提出了著名的惠更斯原理。这为后来菲涅耳的继续研究并创立“惠更斯—菲涅耳原理”奠定了基础。

惠更斯认为，每个发光体的微粒把脉冲传给邻近一种弥漫媒质微粒，每个受激微粒都变成一个球形子波的中心。他从弹性碰撞理论出发，认为这样一群微粒虽然本身并不前进，但

★ 正是无数科学家的默默研究，推动着人类不断深入对于自然的认识

★ *光在水面的反射*

能同时传播向四面八方行进的脉冲，因而光束彼此交合而不相互影响，并在此基础上用作图法解释了光的反射、折射等现象。

除此之外，惠更斯在巴黎工作期间也曾致力于光学的研究。1678年，他在法国科学院的一次演讲中公开反对了牛顿的光的微粒说。他说，如果光是微粒性的，那么光在交叉时就会因发生碰撞而改变方向。可当时人们并没有发现这现象，而且利用微粒说解释折射现象，将得到与实际相矛盾的结果。因此，惠更斯在1690年出版的《光论》一书中正式提出了光的波动说，建立了著名的惠更斯原理。在此原理的基础上，他推导出了光的反射和折射定律，圆满地解释了光速在光密介质中减小的原因，同时还解释了光进入冰洲石所产生的双折射现象，认为这是由于冰洲石分子微粒为椭圆形所致。

电磁学——法拉第

1791年9月，迈克尔·法拉第出生于萨里郡纽因顿一个贫苦的铁匠家庭。因为家庭贫困，法拉第在13岁时便在一家书店里当学徒。这让他有机会读到很多科学书籍，并且在不经意间培养了他对科学的兴趣。

因为他爱好科学研究，所以受到了英国化学家戴维的赏识。1813年，他由戴维举荐到皇家研究所任实验室助手，从此踏上了献身科学研究的道路。同年，戴维到欧洲进行科学考察，法拉第作为他的助手随同前往。其间，他结识了安培以及盖·吕萨克等著名学者。

1815年回到皇家研究所后，法拉第在戴维指导下进行化学研究。1824年，他当选皇家学会会员；1825年2月，任皇家研究所实验室主任；1833—1862年，任皇家研究所化学教授；1846年，荣获伦福德奖章和皇家勋章。1867年8月25日，法拉第逝世。

在法拉第的一生中，他所取得的成就足以让人类为之永久铭记。

1821年，法拉第完成了第一项重大的电发明。在研究了奥斯特等科学家的电学研究成果之后，法拉第受到启发，并成功地发明了一种简单的装置。在装置内，只要有电流通过线路，线路就会绕着一块磁铁不停地转动。实际上，这就是发电机的雏形，是第一台使用电流使物体运动的装置。

作为电磁学大师，法拉第是第一个把磁力线和电力线的重要概念引入物理学的人。通过强调不是磁铁本身而是它们之间的“场”，他为当代物理学中的许多进展开拓了道路。此外，法拉第还发现，如果有偏振光通过磁场时，它的偏振作用就会发生变化。这一发现表明了光与磁之间存在某种关系。

经过近十年的不断实验研究，法拉第于1831年发现：一个通电线圈的磁力虽然不能在另一个线圈中引起电流，但是当通电线圈的电流刚接通或中断的时候，另一个线圈中的电流计指针有微小偏转。经过反复实验，法拉第证实当磁作用力发生变化时，另一个线圈中就有电流产生。在反复实

★ 发电机的发明，为人类生产生活提供了巨大的帮助

验验证后，法拉第终于揭开了电磁感应定律。

1831年10月，法拉第发明了圆盘发电机。该发电机虽然结构简单，但它却是人类创造出的第一个发电机，对现代发电机的出现奠定了现实基础。

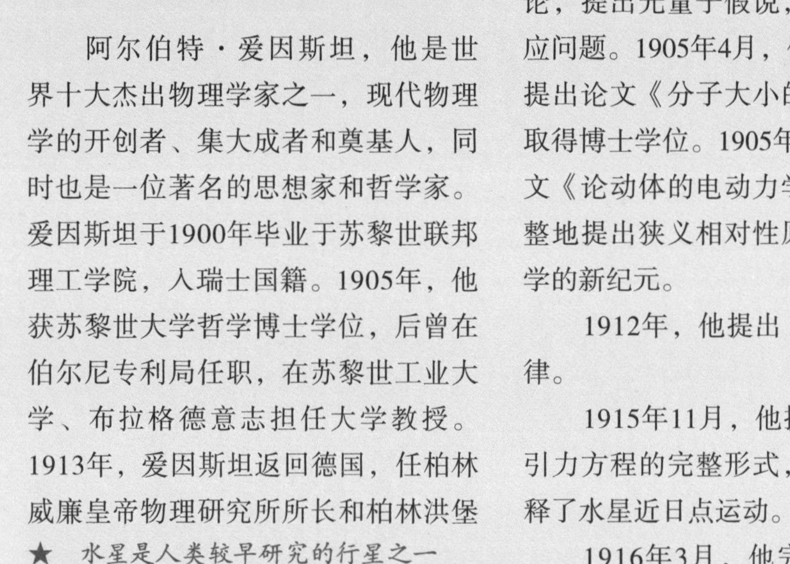

相对论——爱因斯坦

阿尔伯特·爱因斯坦，他是世界十大杰出物理学家之一，现代物理学的开创者、集大成者和奠基人，同时也是一位著名的思想家和哲学家。爱因斯坦于1900年毕业于苏黎世联邦理工学院，入瑞士国籍。1905年，他获苏黎世大学哲学博士学位，后曾在伯尔尼专利局任职，在苏黎世工业大学、布拉格德意志担任大学教授。1913年，爱因斯坦返回德国，任柏林威廉皇帝物理研究所所长和柏林洪堡大学教授，并当选为普鲁士科学院院士。1933年，爱因斯坦在英国期间，被格拉斯哥大学授予荣誉法学博士学位。因受纳粹政权迫害，爱因斯坦迁居美国，任普林斯顿高级研究所教授，从事理论物理研究，1940年入美国国籍。

1905年3月，爱因斯坦发表量子论，提出光量子假说，解决了光电效应问题。1905年4月，他向苏黎世大学提出论文《分子大小的新测定法》，取得博士学位。1905年5月，他完成论文《论动体的电动力学》，独立而完整地提出狭义相对性原理，开创物理学的新纪元。

1912年，他提出“光化当量”定律。

1915年11月，他提出广义相对论引力方程的完整形式，并且成功地解释了水星近日点运动。

1916年3月，他完成总结性论文

★ 水星是人类较早研究的行星之一

《广义相对论的基础》。1916年5月，爱因斯坦提出宇宙空间有限无界的假说。1916年8月，他完成《关于辐射的量子理论》，总结量子论的发展，提出受激辐射理论。

1921年，爱因斯坦因光电效应研究而获得诺贝尔物理学奖。他的研究推动了量子力学的发展。

1923年7月，他发现了康普顿效应，解决了光子概念中长期存在的矛盾。1923年12月，他第一次推测量子效应可能来自过度约束的广义相对论场方程，并取得最后一个重大发现，从统计涨落的分析中得出一个波和物质缔合的独立的论证。此时，他还发现了波色-爱因斯坦凝聚。

天体物理学——哈勃

爱德温·哈勃，1889年11月出生于美国密苏里州马什菲尔德，是观测宇宙学的开创者。

作为物理学领域最知名的天文学大师，哈勃从小就显示出了他对天文学的兴趣。

1906年6月，高中毕业的哈勃，前往芝加哥大学学习。大学期间，哈勃受到天文学家海尔启发开始对天文学产生更大的兴趣。25岁时，哈勃到叶凯士天文台攻读研究生，28岁获博士学位，并开始在该校设于威斯康星州的叶凯士天文台工作。

哈勃对20世纪的天文学发展做出许多贡献，被尊为一代宗师。在他所取得的成就中，对人类科学影响最大的，一是确认星系是与银河系相当的恒星系统，开创了星系天文学，建立

★ 天文观测，让人类在天空中不断获取新的发现

★ 比银河系更加广阔浩渺的河外星系

了大尺度宇宙的新概念；二是发现了星系的红移距离关系，从而促使现代宇宙学的诞生。

1914年，哈勃在叶凯士天文台开始研究星云的本质，并提出某些星云是银河系的气团。他发现，发光的银河星云的视直径同使星云发光的恒星亮度有关。

1923—1924年，哈勃用威尔逊山天文台的254厘米反射望远镜先后拍摄了仙女座大星云和M33（非正式名称为“旋转体”）的照片，把它们的边缘部分分解成恒星。他在分析一批造父变星的亮度以后断定，这些造父变星和它们所在的星云距离我们远达几十万光年，远超过当时银河系的直径尺度，因而确定它们位于银河系外，即它们确实是银河系外巨大的天体系统——河外星系。

1924年，哈勃正式公布了上述发现，从而揭开了探索大宇宙的新的一页。1926年，他发表了对河外星系的形态分类法，也就是后来所说的哈勃分类。

20世纪初，在斯里弗发现谱线红移现象的基础上，哈勃与其助手赫马森合作，对遥远星系的距离与红移进行了大量测量工作，并得出重要的结论：星系看起来都在远离我们而去，且距离越远，远离的速度越高。

1929年，他通过对已测得距离的二十多个星系的统计分析，更进一步发现星系退行的速率与星系距离的比值是一常数，两者间存在着线性关系。这一关系后来被称为哈勃定律。

哈勃定律的发现有力地推动了现代宇宙学的发展。

科学探索丛书

第三章

解读物理学原理的提出

当人类探索的脚步踏过荒芜与懵懂，开始想着向科学的领域迈进，不断积累的科学认知在脑海中逐一显现，并且在否定、修正中逐渐形成相对完善的体系，一条条经典原理也从最初的模糊形态始露真容。

如果把深奥广博的物理学比作浩渺的夜空，那些物理学原理一定是夜空中闪烁的星光，因为它们，夜空才更加绚烂。

能量守恒定律——“疯医生”迈尔的遗憾

引言

探索真知的路途漫长而坎坷，其间渗透着无数科学家的辛酸与汗水。在物理学中，能量守恒定律的发现可谓是人类认识道路上迈出的重要一步。然而这个过程中却埋藏着一个科学痴狂者的遗憾，他是迈尔！虽然他带着遗憾离开了，可是科学相信“守恒”，于是一个个科学家接过了他的旗帜！

科学让很多看似不可能实现的事情轻易实现，这或许就是科学神奇的一面。

在发现科学的过程中，往往也有很多神奇的一面，能量守恒定律的发现，或许就有你想象不到的“神奇”。一个医生——一个被人认为有些“疯”的医生，他最早发现了物理学能量守恒定律。这能不能叫作奇迹呢？

迈尔的遗憾

在德国汉堡，有一个名叫迈尔的医生。这个做事喜欢刨根问底的医生，在1840年的一天，作为随船医生跟着一支船队来到印度。船队登陆后，很多船员水土不服，病倒了一大片。于是，迈尔根据老法子给生病船员放血治疗。在德国，只要在病人静脉血管上扎一针，就会有黑红色的血液流出来，可是这次流出来的血竟然是鲜红色的。这立刻引起了迈尔的好奇：血液呈现红色是因为里面有氧，氧在人体燃烧产生热量，维持人的体温。因为印度天气炎热，人体维持体温时，不需要燃烧像在德国时所需的那么多氧，所以静脉里的血仍然是鲜红的。

可是人体的热量究竟来自哪里呢？重500克左右的心脏不停跳动是无法产生这么多热的，那么就有一种可能，也就是体温是靠血肉维持的。再向下推导，它们又是通过食物而来，食物中不论是蔬菜还是肉类，最初都由植物而来，植物又是依赖太阳的光热而生长的。那么太阳的光热呢？一系列疑问交织在一起，迈尔陷入深深的思考当中。这些问题最终形成一个统一的问题：能量是怎么转化的？

从印度回到汉堡，迈尔马上写了

一篇《论无机界的力》，而且自己测出热功当量为365千克米/千卡。拿着这些成果，迈尔计划把论文在《物理年鉴》上发表，却被无情地拒绝了。被迫无奈的迈尔只好到一些不知名的医学杂志上发表他的物理学发现。郁闷的他到处演说，可是一个医生却“宣扬”着自己的物理学发现，这无疑是很容易招来讽刺的。从此，“疯子”迈尔成了他广为人知的名字。

社会对他的怀疑，或许情有可原，然而让迈尔深受打击的是他的家人也以为他疯掉了。在身心疲惫之际，偏偏祸不单行，迈尔的小儿子夭折，连番的打击最终击垮了这个对科学痴狂的男人。1849年，迈尔选择跳楼自杀，虽然没有死去，但却摔断了双腿。从此怀着无限遗憾，迈尔变得神志不清了。

焦耳的坚持

迈尔的遭遇带着无限的伤感和落寞，他所发现的“能量守恒”的主张也随着迈尔的惨痛遭遇而悬在空中人未识。无独有偶，和迈尔同期研究能

★ 太阳所发出的光热为地球生命提供了能量源

★ 太阳所发出的光热为地球生命提供了能量源

量守恒的还有一个英国人，他就是赫赫有名的焦耳。

焦耳作为道尔顿的学生，一边进行科学研究，一边打理着父亲留给他的啤酒厂。1840年，他对通电的金属丝能够使水发热这一现象产生好奇。通过细心测试后，他发现：通电导体所产生的热量与电流强度的平方、导体的电阻和通电时间成正比。这就是焦耳定律。1841年10月，他的论文在《哲学杂志》发表。在这之后，他又发现，不管是化学能还是电能所产生的热都相当于一定的功，即460千克・米/千卡。几年以后，他带着自己的实验设备以及报告，前往剑桥参加学术会议。

会议上，焦耳当众做了实验，并宣布实验结论：自然界的力是不能毁灭的，消耗了机械力，总能得到相当的热。

面对这番言论，台下在座的科学家频频摇头，就连法拉第也怀疑说："这不可能。"一个名叫威廉・汤姆孙的数学教授更是对此嗤之以鼻，甚至气愤地摔门而出。

面对质疑，焦耳回到家里依旧坚持着自己的实验，一坚持就是四十年。四十年里，他把热功当量精确到

不存在的永动机

永动机是指违反热力学基本定律的"永不停止运动"的发动机。不消耗能量而能永远对外做功的机器，违反了能量守恒定律，被称为"第一类永动机"。在没有温度差的情况下，从自然界中的海水或空气中不断吸取热量而使之连续地转变为机械能的机器，违反了热力学第二定律，被称为"第二类永动机"。

科学证实，永动机是不存在的。然而，人类对于永动机的研究却从来没有停止。国内外不知有多少民间科学家甚至专家、教授，花费了大量宝贵的时间、金钱坚持不懈地寻找这样一种不存在的事物。他们之中当然也不乏别有用心的骗子，常见的手法是出售或转让他的"永动机图纸""永动机技术"等。其实，只要具备一些基本的物理学常识，就可以识破这种骗术。

了423.9千克·米/千卡。1847年，他再一次带着自己重新设计的实验来到英国科学协会的会议现场。

在极力争取得来的短暂时间里，焦耳边当众演示自己的实验，边解释说："机械能是可以定量地转化为热的，反过来1千卡的热也可以转化为423.9千克米的功……"焦耳的话还没说完，台下已经有人大喊："胡说，热是一种物质，是热素，与功毫无关系。"喊这话的正是当年摔门而出的汤姆孙！面对质疑，焦耳淡定地说："如果热不能做功，那么蒸汽机的活塞为什么会动？能量假若不守恒，永动机为什么至今没有造出来？"

汤姆孙一时无言以对，于是他开始做实验、查资料。没想到竟意外发现了迈尔几年前发表的那篇文章。在文章里，迈尔的思想与焦耳的完全一致！惊喜和羞愧让他决定去拜访焦耳，为自己两次的不礼貌道歉的同时，也希望一起讨论这个物理学发现。

当在啤酒厂找到焦耳，看着焦耳在厂房间改建的实验室里各种自制的仪器，他深深为焦耳的坚韧不拔而感动。汤姆孙拿出迈尔的论文，诚恳地说："焦耳先生，我是专程来向您道歉的。看了这篇论文后，我发现自己的无知以及莽撞。"焦耳看到论文，顿时神色忧伤起来："汤姆孙教授，可惜我们再也不能和迈尔先生讨论问

★ 能量之间能够转化，它们之间的转化是相互的

题了。一个饱受质疑的天才，在长期的怀疑和打击下，已经跳楼自杀了，虽然没有结束生命，却不幸的精神失常了。”

汤姆逊呆在那里，为自己的固执己见与抹杀新的科学见解而忏悔。

经历了怀疑与认可，坎坷过后，焦耳终于和汤姆孙一起合力开始了实验，并在1853年共同完成能量守恒和转化定律的精确表述。

科学的发现过程总是充满着种种故事，或坎坷曲折，或离奇偶然。能量守恒定律的发现就是一个生动的诠释。在学习这些科学的同时，人类更应该铭记那些为了科学孜孜以求的学者。

热功当量

热量以卡为单位时与功的单位之间的数量关系，相当于单位热量的功的数量，叫作热功当量。英国物理学家焦耳首先用实验确定了这种关系，将这种关系表示为1卡=4.1840焦，即1千卡热量同427千克·米的功相当，即热功当量=427千克·米/千卡=4.1840焦/卡。在国际单位制中规定，热量、功统一用焦耳作单位，热功当量已失去意义。

★　正是无数科学大师用谦逊的态度以及对知识坚持不懈的追求，推动着人类驶向一个又一个文明

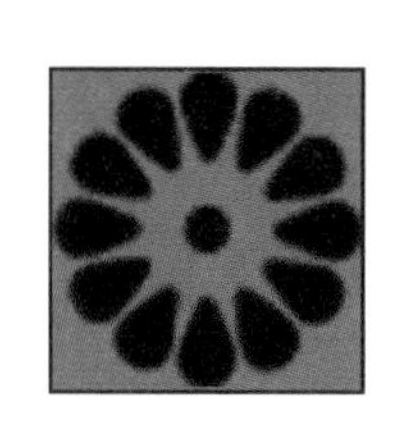

牛顿运动定律——对“运动”的解析

引言

生命在运动中呈现着自己的姿态，运动也成为生命永恒的话题。虽然人类伴随着运动而生，但是真正认识运动却经历了无比漫长的岁月，直到牛顿运动定律的提出，才真正意义上给出了最好的解析。

运动是一种状态，也是生命存在的一个话题。在人类发展史上，有过无数对于运动规律的探索，或一经提出便被全然否决，或是短暂地成为“科学命题”。然而科学史上真正占有重要地位的关于运动的“剖析”却不得不说牛顿这位科学巨匠的“三定律”。

牛顿运动三定律确切地应为：牛顿第一定律，即惯性定律；牛顿第二定律，即加速度定律；牛顿第三定律，也就是作用力与反作用力定律。这三条运动定律的提出，不仅全面解析了运动的形态规律，同时也构成了物理学的基础。

就像牛顿那句广为人知的名言：“如果说我比别人看得更远些，那是因为我站在了巨人的肩上。”牛顿正是在总结前辈科学家的经验、成果基础上提出了自己的科学主张的。这期间可以说凝聚了无数人的辛勤汗水。

伽利略的努力

伽利略或许不是对运动学进行探索与研究的科学家，但是他对于该领域的一些研究理论却成为后来科学界进一步探索的基础。

★ 运动究竟是以怎样的规律存在，长期以来一直是人们探寻的话题

★ 意大利物理学家伽利略

时至今日，伽利略的斜面实验依然是人们津津乐道的一次科学探索。

在实验当中，伽利略将小球放置于两个互相连接的倾斜轨道上，当小球从一个倾斜轨道的某一高度处滑下，在滑至轨道最低点后沿另一倾斜轨道上升，上升到一定高度后静止。在实验过程中，伽利略发现如果忽略摩擦力不计，小球上升的高度与释放的高度是始终相等的。由此他推测，在不计摩擦力的情况下，如果是把一个倾斜轨道与一个水平轨道相连接，那么小球永远也不能上升到初始高度，那时小球就将会永远不停地运动下去。

笛卡儿的补充

面对科学界“五花八门”的学说，有人迷茫，有人好奇，当然也有人更愿意去在选择继承的同时，通过研究去证实 。笛卡儿就是其中之一，他选择了伽利略的研究成果作为自己研究的基础与方向。

笛卡儿通过长期的实验与研究认为：一个运动着的物体如果不受任何力的作用，那么它不仅运动速度的大小不变，而且运动方向也不会发生变化，这个运动的物体将沿着原来的方向永不停歇地匀速运动下去。

牛顿的完善

即便有无数伟大的科学家对于运动做了大量的研究，并提出了无数的

摩擦力

摩擦力是两个表面接触的物体运动时互相施加的一种物理力。摩擦力与相互摩擦的物体有关，因此物理学中对摩擦力所做出的描述不一般化，也不像对其他力那么精确。事实上，只有在忽略摩擦力的情况下，人们才能引出力学中的基本定律。如果没有摩擦力的情况下，鞋带就不能系紧，钉子也无法固定物体，那些运动的物体也将无法停止。

★ 惯性定律的提出，很好地解释了物体受力停止后为什么会在保持一段时间运动后又会停止的现象

研究结果，但是真正关于运动的解析依旧没有总结性的深入概括，直到牛顿“三大定律”提出，才打破了这种局面。

牛顿总结了伽利略、笛卡儿等人的研究成果，并在自己长期实验研究之后概括出物理学响当当的牛顿第一定律：一切物体在没有受到力作用的时候，一直保持静止状态或匀速直线运动状态。这一定律也被称作惯性定律。

取得了阶段性胜利的牛顿，自然不甘心就此止步。一向专注于科学钻研的他，在接下来的时间里继续埋头于实验研究。

功夫不负有心人。在1666年初，牛顿完整地提出了三大运动定律。惯性定律、加速度定律、作用力与反作用力定律。然而，牛顿却并没有高调地将三大定律立即公之于众。直到二十年后，在哈雷的极力主张下，三大定律才得以面世。

牛顿运动三大定律的提出，迅速在物理学界乃至整个科学界产生巨大影响，并为牛顿提出微积分、发现万有引力创造了必需的条件。

匀速直线运动

物体在一条直线上运动，且在任意相等的时间间隔内的位移相等，这种运动称为匀速直线运动。匀速直线运动不常见，因为物体做匀速直线运动的条件是不受外力或者所受的外力和为零，但是我们可以把一些运动近似地看成是匀速直线运动。

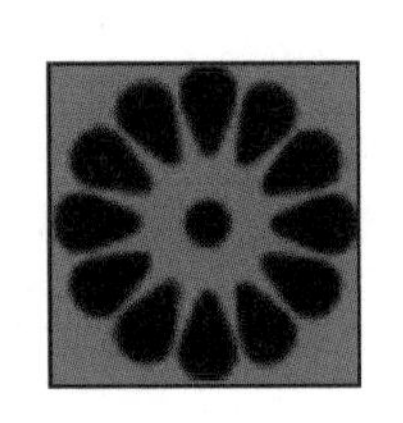

开普勒定律——源于“火星作祟”

引言

开普勒定律是人类发现的物理学定律中的一个。它的发现过程充满了趣味性，因为这里既有“星子之王”，又有顽皮的火星作祟，除了这些，还有源源不断的王室的支持。

不知是不是造物主有意的安排，在众多数字中，“三”一直有着它神秘的一面。刚从牛顿的运动三定律中走出来，这里却又即将踏进“开普勒三定律”的世界。

人类对于科学的探索，从某种角度来说，更像是一种接力、一种无数科学家之间专注探索的付出。随着他们的脚步迈进，人类对于自然、对于整个世界的发现与认知，也层层深入。

开普勒三定律就是为人们更深入地揭开行星运动神秘面纱的定律。

说起开普勒定律，就不能不说“星子之王”与“火星作祟”。

热衷于天文学研究的丹麦天文学家第谷被称为“星子之王”。他得到了丹麦国王腓特烈二世的青睐，腓特烈二世尽可能在物质上资助他进行科学研究。近二十年的时间里，第谷取得了一系列重要成果，其中包括最著名的通过对彗星观察得出的“彗星比月亮远很多”的结论。

1599年，腓特烈二世去世了。然而，并没有让第谷从皇室获得的资助

★ 火星似乎自古以来就是人们关注的一个焦点

中断，因为他又获得了波西米亚皇帝的帮助。因此，第谷从腓特烈二世生前赐予他的汶岛搬到了布拉格，也正是这次偶然的搬迁，引出了另外一位日后在科学界声名显赫的天体物理学大师——开普勒。

移居布拉格的第二年，第谷遇到了开普勒，并成功地邀请他成为自己的助手。

两人合作的第二年，第谷去世了，于是开普勒正式接替了他的工作。在第谷留下的二十几年研究资料的帮助下，开普勒开始了独立的研究。

彗星

彗星，俗称“扫把星”，是太阳系中一类小天体，由冰冻物质和尘埃组成。当它靠近太阳时就可以被看见。太阳的高温使彗星物质蒸发，在冰核周围形成朦胧的彗发和一条稀薄物质流构成的彗尾。由于太阳风的压力，彗尾总是指向背离太阳的方向。

历史上第一个被观测到相继出现的同一天体是哈雷彗星。英国天文学家哈雷在1705年认识到它是周期性出现的，周期是76年。离太阳很远时彗星的亮度很低，而且它的光谱单纯是反射阳光的光谱。彗发的直径通常约为105千米，但彗尾常常很长，达108千米或1天文单位。

开普勒运用第谷留下的宝贵资料，开始按照正圆形轨道编制新星表。然而火星却总是“不买账”，在正圆形轨道上，火星一不留神就“出轨”。他耗时四年数十次模拟计算无一不以失败收尾。这时开普勒意识到，自己长期以来坚持的哥白尼体系所主张的圆周运动以及偏心圆轨道模式与火星的实际运行轨道不符。如果不能大胆地抛开“圆周运动”这一人们深信两千多年的思想，相信即便是再研究一千年也依旧无济于事！

恍然大悟的开普勒在“破旧立新”之后，经过仔细地模拟计算得

☆ 每颗行星都有着属于自己的运行轨道

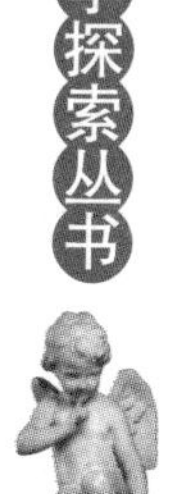

★ *速度与轨道的组合，让行星有了生命的姿态*

出：每一颗行星都沿着各自的椭圆形轨道绕太阳转动，太阳居于椭圆形轨道的一个焦点上。

这一结论也就是开普勒第一定律，也被称为“轨道定律”。

确定了行星运行轨道为椭圆形之后，开普勒并没有就此止步，他继续进行着他的研究。然而，这一次又是火星横在了他的面前。

像所有前人一样，开普勒研究行星运行时，也是习惯把它们按照等速运行来研究，可是这样研究了一年之久，开普勒一无所获。迫于无奈，他再次转变思路，终于苍天不负有心人——他得出了被称为“面积定律”的行星运动第二定律：在椭圆轨道上运行的行星速度不是常数，而是在相等时间内，行星与太阳的连线所扫过的面积相等。

此后的近十年时间里，开普勒又得出了行星运动第三定律——调和定律。调和定律认为，太阳系内所有行星公转周期的平方，同行星轨道半长轴的立方比是一个常数。

随着开普勒三定律的提出，在科学界迅速产生了广泛的影响。在物理天文学领域更是形同一场新的科学革命。它彻底摧毁了托勒密复杂的本轮宇宙体系，纠正了哥白尼“匀速圆周”思想，同时完善和简化了哥白尼的日心宇宙体系。

行星绕着太阳这个中心，沿着椭圆轨道旋转。

开普勒对天文学最大的贡献在于，他试图建立天体动力学，从物理基础上解释太阳系结构的动力学原因。虽然他提出有关太阳发出的磁力驱使行星做轨道运动的观点是错误的，但它对后人寻找出太阳系结构的奥秘具有重大的启发意义，为经典力学的建立、牛顿的万有引力定律的发现，都做出重要的提示。

火星与地球间的距离

火星与地球的最近距离约为5 500万千米，最远距离则超过4亿千米。两者之间的近距离接触大约每15年出现一次。1988年，火星和地球的距离曾经达到约5 880万千米，而在2018年，两者之间的距离达到5 760万千米。但在2011年的8月27日，火星与地球的距离仅为约5 576万千米，是6万年来最近的一次。

★ 行星绕着太阳这个中心，沿着椭圆轨道旋转

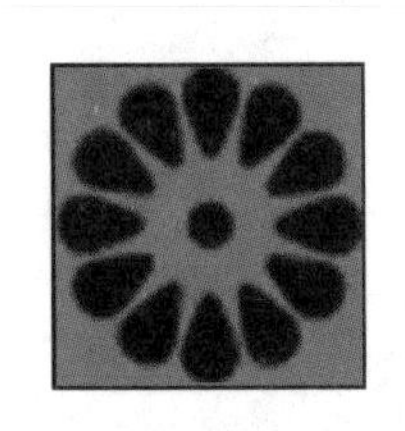

万有引力定律——苹果“砸”出来的真理

引言

提起科学研究，似乎印象里常常是枯燥繁琐的。然而真实的研究世界里，却常常有些有趣的事情发生，或许很平常，就像苹果落地。但如果落地的苹果砸中了大科学家牛顿的头呢？又会发生什么事情呢？

万有引力定律——苹果“砸”出来的真理。

★ 行星绕着太阳这个中心，沿着椭圆轨道旋转

中国古语常说：“有心栽花花不开，无意插柳柳成荫。”有时候，刻意去寻求却往往不得其果，而当你无心于此时，或许一次偶然，一个不经意，却能收获无限意料之外的惊喜。

在科学界，这样的意外收获可以说是不胜枚举。在物理学领域，最耳熟能详的万有引力定律就是得益于一次由苹果引发的偶然事件！

那时候二十几岁的牛顿还在剑桥大学读大三。性格内向的他把这段时光看作是人生当中吸取知识养分的绝佳时机。他的大学生活安静而忙碌。

天有不测风云，不久前，一场黑死病突然间席卷了伦敦。面对灾病流行，市井萧条，大学被迫临时关闭。

牛顿不得不像其他人一样返回家乡，在焦灼中等待复学的消息。

向来闲不住的牛顿，除了自己捉摸一些实验以外，就喜欢坐在姐姐家的果园里看书。这一天当他忙完手里的事情，依旧在果园的椅子上看书时，突然一只苹果从树上掉下来，不偏不倚正砸在牛顿的头上。换作别人，一定会忙着边揉自己的脑袋边抱怨自己倒霉，然而牛顿却显得“另类”了。

被苹果砸了一下，他却完全没有顾及自己的脑袋，反而蹲下来去看那只砸中自己的苹果。这时他发现，偶尔就会有其他熟透的苹果从树上掉下来，落到地上。这原本很平常的现象，在牛顿眼里却化成了一个挥之不去的疑问：苹果为什么是落在地上，而不是飞上天呢？月球为什么就要绕着地球转，而不是掉在地球上呢？

接下来的一整天，牛顿一直被这些问题困惑着，然而想破脑壳也依然没有得出答案。第二天，他看见在院子里玩耍的小外甥正摆弄着一个系有橡皮筋

剑桥大学

剑桥大学成立于1209年，最早是由一批为躲避殴斗而从牛津大学逃离出来的老师建立的。亨利三世国王在1231年授予剑桥教学垄断权。剑桥大学是世界十大名校之一，88位诺贝尔奖得主出自此校。英国《泰晤士报》和美国《新闻周刊》共同发布的“2011年最新世界大学排名前100名”中，剑桥大学位列全球第二位。

拜伦、达尔文、凯恩斯、牛顿、霍金等都是剑桥大学培养出的人类骄子。

的小球。小球在小外甥的手里先是慢慢摆动，随着速度的加快，小球被径直抛出，随后又弹了回来。

牛顿立时呆住了，他猛地想到：月球就像这颗小球，在抛力的作用下，小球飞出，之后又在橡皮筋的拉力下弹回来。以此类推，也一定存在两种作用于月球的力，也就是月球运行的推动力和重力的拉力。想到这些，那么苹果落地的现象也就不难解释了，因为苹果有重力。

一次偶然现象，引起牛顿丰富的联想。肇事“原本”的苹果却引出了一个震惊世界、并深深地影响了人类科学进程的物理学大发现——万有引力。

从苹果落地引发的思考中，牛顿第一次意识到，重力不光是行星和恒星之间的作用力，很有可能是普遍存在于任何事物间的吸引力。

那时的牛顿对炼金术深信不疑，并相信物体之间存在着相互吸引的关系。为此他断言，相互吸引力不但适用于宇宙天体间，甚至适用于世间万物。

经过仔细推敲研究，牛顿最终把这一发现概括成：任意两个质点通过连心线方向上的力相互吸引。该引力的大小与它们的质量乘积成正比，与它们距离的平方成反比，与两物体的化学本质或物理状态以及中介物质无关。

1687年，牛顿在《自然哲学的数学原理》上发表了他所发现的万有引力定律。至此，这一定律正式被公之于众。

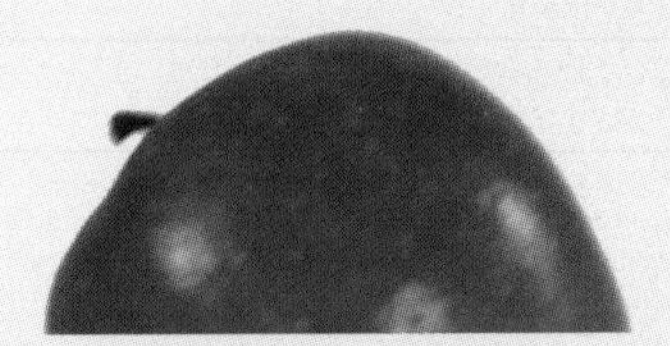

★ 万有引力定律的发现，为苹果落地的现象做出了解释

炼金术

炼金术是中世纪的一种化学哲学的思想和始祖，是化学的雏形。其目标是通过化学方法将一些基本金属转变为黄金，制造万灵药及制备长生不老药。现在的科学表明，这种方法是行不通的。但是直到19世纪之前，炼金术尚未被科学证据所否定。包括牛顿在内的一些著名科学家都曾进行过炼金术尝试。

在此之前，人们的传统意识里，适用于地球的自然定律与太空中的定律大相径庭。万有引力定律的提出彻底推翻了这一观点。它重新告诉人们，支配自然和宇宙的法则是很简单的。

虽然牛顿提出了万有引力的概念，可是他却无法解释万有引力的产生，也没能得出万有引力的公式。直到1798年，英国物理学大师卡文迪许通过卡文迪许实验才比较准确地计算出引力恒量数值。

作为17世纪自然科学最伟大的发现之一，万有引力定律把天地间万物的运动规律统一起来，并揭示了天体运行规律，这在宇宙认知方面起到了极大的促进作用。

★ 天体间存在着巨大的引力

帕斯卡定律——从木酒桶破裂说起

引言

若干年前，帕斯卡被一只漏着水的木桶吸引了。为此几天里如痴如醉地守着木桶。这让所有人感到费解：一只漏水的木桶，究竟有着怎样的特殊，能让一个科学家如此着迷？在常人看来木桶里流出的是水，那么在帕斯卡眼里又会是什么呢？

★ 科学知识往往蕴含在身边的事物中，只有用心，才能发现生活里的真知

发现科学，是为了将它作用于生活当中；而科学的发现，往往又来源于生活。往往一件看似平凡普通的小事，却常常暗含着无穷的科学知识。就像伟大的造物主事先隐藏好的，只等待有心人去发现。

牛顿因为苹果落地，发现了万有引力，而帕斯卡却通过水桶爆破得出了帕斯卡定律。

出生于小贵族家庭的帕斯卡，虽然幼年丧母，但是在父亲的照顾教育下，很小时就显露出了他的聪明才智。

在他二十几岁的时候，一天家里的仆人勒威耶从院子里提了一桶水进屋，因为木桶使用太久了，桶壁有个地方破旧了，每次装水都会有水从破旧的地方流出来。这种情况已经持续很久

了，一直没有人觉得有什么特别。可是在帕斯卡眼里，却显得不同了。

帕斯卡叫住勒威耶，然后蹲下来仔细研究起漏着水的木桶。就这样，帕斯卡反复观察，水流光了就让勒威耶重新打满，几天里帕斯卡几乎废寝忘食。这也让勒威耶一头雾水，最后理出头绪的帕斯卡告诉一脸茫然的勒威耶，木桶壁上的破洞距离水面越远，水流出来的速度也就越大，这是因为压强的作用。

现在随着对压强认识的深入，人类已经将它应用到了日常生产生活当中。

对着一只旧木桶发呆几天之后，帕斯卡自己重新设计制作了一个完好的木桶，并且给木桶设计了一个中间带有一个小孔的盖子。

一切准备就绪，帕斯卡依旧让勒威耶打来一桶水，将新木桶装满水后，盖好盖子，用一根细长的铁管插到木桶盖的小孔里，之后将所有连接处的缝隙密封使它不漏水。这时木桶毫无异样。

接下来，帕斯卡从铁管上面的口向木桶里倒水，使管子里的水提高很多，这时木桶依旧没什么异样。然而帕斯卡继续向管内倒水，当水位达到

液压千斤顶与压强

液压千斤顶所基于的原理为帕斯卡原理，即液体各处的压强是一致的。在平衡的系统中，比较小的活塞上面施加的压力比较小，而大的活塞上施加的压力也比较大，这样能够保持液体的静止。通过液体的传递，可以得到不同端上的不同的压力，这样就可以达到一个变换的目的。我们所常见到的液压千斤顶就是利用了这个原理来达到力的传递的。

★ 现在随着对压强认识的深入，人类已经将它应用到了日常生产生活当中

一定高度时，木桶“嘭”的一下破裂了！在勒威耶一脸惊愕的时候，帕斯卡宣布帕斯卡定律诞生，归纳总结为在密闭容器内，施加于静止液体上的压强将以等值同时传到各点。

得出了帕斯卡定律后，年轻的帕斯卡决定继续研究下去。于是，他在这一理论基础上，又先后提出了连通器的原理以及后来被广泛应用的水压机的最初设想。

压强

压强，是表示压力作用效果的物理量。在国际单位制中，为了纪念法国科学家帕斯卡，而以他的名字命名，简称帕（Pa），即牛/米^2（N/m^2）。另外，在非国际单位制中，压强的单位有巴（bar）、标准大气压（atm）、千克力每平方米（kgf/m^2）、约定毫米汞柱（mmHg）等。

库仑定律——电学史上第一个定量定律

引言

电对于人类生产生活的重要性不言而喻。人类在早期并不认识电，真正发现、认识到利用电，经过了无比漫长的岁月。正是库仑和他提出的库仑定律为人类认识以及应用电起到了巨大的作用。

火的发现与使用，是人类文明进程中一次重要的跨越。而电的发现，无疑又极大地促进了人类科技的进步，成为人类认识自然过程当中不得不浓墨重彩写下的华丽篇章。

从人类诞生初期的茹毛饮血到现在的高度文明，走过了无比漫长的岁月，对于电的认识也经历了诸多阶段。从对自然电的懵懂，到库仑定律的提出，便是人类进步的一个缩影，也是物理学发展的一个标志。

人类对于电的初步认识，最早可以追溯到公元前6世纪，那时古希腊哲学家泰勒斯已经有了“摩擦琥珀能够吸引轻小物体”的描述。

随着人类生产力的不断提高，人类对于电的认识也逐渐加深。在之后的漫长历史进程中，第一位正式站出来对电进行研究的是英国物理学家吉尔伯特，也正是他首先提出了“电”的概念。一百多年以后的1733年，法国物理学家杜菲研究发现了“琥珀电”和“玻璃电”，并提出“同种电相排斥，异种电相吸引”。这为以后人类对于电的研究提供了巨大的认识基础。

然而，电究竟是怎样的一种形态，它又存在着怎样的特性与规律呢？在接

★ 著名的费城风筝实验，使人类对电的认识又迈出了一大步

下来人类对于科学的探索中，有无数科学家为之开展了大量的研究与实验。

美国最杰出的科学家之一，富兰克林通过著名的费城风筝实验，证明了电荷的存在，同时提出“电荷不能创生，也不能消灭”的认知结论。

电荷

带正负电的基本粒子，称为电荷，带正电的粒子叫正电荷，符号为“+”；带负电的粒子叫负电荷，符号为“-”。同时，电荷也是某些基本粒子的属性，它使基本粒子互相吸引或排斥。

★ 库仑定律的提出，为人类对电的实际应用起到了巨大的作用

直到这时，人类对于电的认识，依旧停留在一个初始的阶段，人类研究的方向也是松散的。这一状态一直持续到库仑的出现，才得以宣告终结，并由此开启了人类对电认识的新的进程。

作为法国最杰出的物理学家之一，库仑在1785年通过扭秤实验测出“两个带有同种类型电荷的小球之间的排斥力与这两球中心之间的距离平方成反比”。这也确定了两电荷之间作用力与距离的关系。

虽然扭秤实验获得了一定的成

功，但是对不同电荷之间引力的测量，扭秤实验却始终无法实现。经过反复思考，库仑决定设计一种电摆实验来继续自己的研究。

电摆实验在库仑的精心设计下得以顺利开展。通过电摆实验，库仑提出："异性电流体与同性电流体之间的作用力一样，都和距离的平方成反比例关系。"

在两次实验取得成功之后，库仑觉得仍不是最完美。于是，他开始对实验误差进行修正总结，进而最终确定：同性电荷相互排斥，异性电荷相互吸引；电力与距离的平方成反比，电力与电量的乘积成正比。这一结论也就是著名的"库仑定律"，同时也被更多叫作"平方反比定律"。

作为电学发展史上第一条定量定律，库仑定律的提出不仅详细地阐明了带电物体间的作用规律，同时更为整体电学奠定了基础，并成为物理学最基本的定律之一。库仑定律提出之后，无数科学家不断地为之进行实验验证。两百多年以来，电力平方反比律的精度提高了十几个数量级，于是库仑定律也当之无愧地成为物理学当中最为精准的实验定律之一。随着库仑定律的提出，电学发展也迎来了一个全新的时期。为了纪念库仑对于人类科学，特别是电学所做出的贡献，他的名字被也被用作于电量的单位。

富兰克林发明的避雷针

现代避雷针是美国科学家富兰克林发明的。富兰克林认为，闪电是一种放电现象。为了证明这一点，他在1752年7月的一个雷雨天冒险做了著名的风筝实验，并在实验成功后获得启发：在高物上安装一种尖端装置，能够把雷电引入地下。

于是，富兰克林把一根数米长的细铁棒固定在高大建筑物的顶端，在铁棒与建筑物之间用绝缘体隔开，然后用一根导线与铁棒底端连接，再将导线引入地下。经过试用，果然能起到避雷的作用。这个装置便是人类历史上诞生的第一个避雷针。

阿基米德原理——国王命令下的意外产物

引言

古时候，因为经济的相对落后，科学活动往往需要王室的支持才能正常进行。科学家往往和王室有着千丝万缕的联系。阿基米德就是其中之一。因为与王室联系密切，阿基米德常常接到国王一些“奇怪的命令”，著名的阿基米德原理就是源于一次“国王命令”。

人类社会的早期，王室是社会的统治阶层，人类的很多活动要受王室的支配和管理。那时候，很多人类对于自然科学的探索与认识都源于王室的资助，或者至少可以说和王室有关。这种关联，有必然，也有偶然。

在物理学领域，阿基米德原理就是和王室存在着偶然联系的一个例子。因为从某种意义上说，阿基米德原理正是国王命令下的“意外产物”。

公元前245年，为了迎接无比盛大的月亮节的到来，赫农王命令金匠为其制作一顶华贵的纯金王冠，并从国库中取出一块金子交给他。

金匠在规定的日期将打造好的纯金王冠交给国王。虽然王冠与当初的那块纯金重量几乎相等，但是国王却怀疑金匠在王冠里掺了假。为此，国王召见来阿基米德，命令他在不损坏王冠的前提下，鉴定王冠的成份。

面对突如其来的难题，阿基米德百思不得其解，究竟怎样既不破坏王冠，又能完成国王的命令呢？

为此，阿基米德日思夜想，甚至在洗澡的时候仍然不停地琢磨着。一直想不到的方法的他，在浴池里显得非常烦躁。突然，他注意到，随着自己在浴池中站起，浴池的水位就会相应下降，当自己躺回浴池，池里的水位就会马上升高。同时，他明显感觉到，自己站起

浮力知识

漂浮于流体（液体或气体）表面或浸没于流体之中的物体，受到各方向流体静压力的向上合力。其大小等于被物体排开流体的重力。在液体内，不同深度处的压强不同。物体上、下部浸没在液体中的深度不同，物体下部受到液体向上的压强较大，压力也较大。可以证明，浮力等于物体所受液体向上、向下的压力之差。

时，会觉得自己身体发沉，而躺到水里时，就觉得全身变轻。

聪明的阿基米德猜想，一定是水对身体产生浮力才让自己有时而轻、时而重的不同感觉的。

忽然，阿基米德茅塞顿开，他兴奋地跑回家里，拿来石块和木块放进盛着水的盆子里进行实验，并且得出结论：浮力与物体的体积有关，而和重量无关。物体在水中感觉有多重与水的密度有关。

至此，阿基米德终于找到了解决国王问题的办法，那就是测量王冠的密度。于是，阿基米德当着国王与金匠的面，将王冠与重量相等的纯金分别放进装有等量的水里，结果王冠所排出的水量比金子所排出的水量大。由此证明，王冠并非纯金，而是掺过假的。

面对结论，金匠承认了掺假事实。当国王和大臣们为成功地识破金匠企图私吞金块的阴谋时，伟大的阿基米德却依旧在思考着整个实验的经过。他认为，相比于国王的纯金王冠，浮力原理的发现对自己甚至对整个人类更加重要。

浮力原理也被叫作阿基米德原理、阿基米德定律。浸在静止液体中

★ 从洗澡中获得启示的阿基米德，不仅顺利完成了国王交办的任务，更重要的是，他还发现了浮力原理

★ 救生圈就是浮力原理的应用

的物体所受液体合力的大小与该物体排开的液体重力相等，这里所说的合力也就是浮力。

随着阿基米德原理的提出，人们对于浮力有了全新的认识，并在这之后，阿基米德原理被广泛应用到生活当中。直到现在，盐水选种、密度计以及轮船制造等，依然处处使用着这一原理。

鱼鳔与浮力

鱼鳔使鱼身体保持平衡，不会因为静止而使鱼体下沉。鱼鳔产生的浮力，正好抵消重力，从而使鱼体在静止状态时，自由控制身体处在某一水层。鱼或许是自然界中对浮力应用掌握最好的动物之一，人类正是根据鱼鳔的启示，才发明了潜水艇。

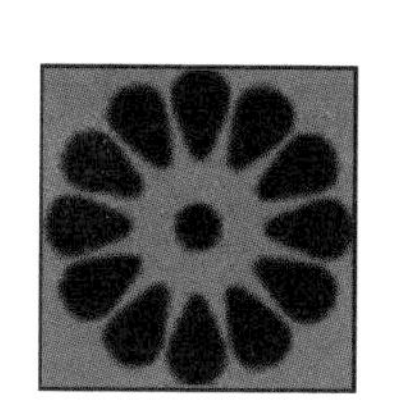

波义耳定律——人类历史上第一个被发现的定律

引言

17世纪，欧洲科学界形成了一股空气研究的热潮，众多的科学家纷纷加入到研究空气特征的行列里。然而，在这其中真正被历史所铭记的却似乎非玻意耳和他所提出的波义耳定律莫属。

人类对“第一”有着特殊的感情，似乎从人类诞生以来，第一就作为人类追求的目标。也因为如此，凡是第一的事物，总是能够给人留下深刻的印象。

在物理学史上，和第一有关的话题不胜枚举，然而有一条定律却显得有些与众不同，因为可以说所有的定律都是被发现的，可是它却单单被称为“人类历史上第一个被发现的定律”。它就是波义耳定律。

17世纪的欧洲，科学界对空气特征产生了浓厚的研究兴趣，先是1662年英国物理学家罗伯特·胡克在科学协会会议上发表了一篇有关“空气弹性”实验的论文，继而又有法国科学家制作了一个中间装有活塞的黄铜气缸。实验时，用力按下活塞，把气缸里的空气进行压缩，之后松开活塞。按照设想，活塞应该全部弹回，然而不论怎样反复实验，活塞每次都只弹回一部分。

这样一来，法国科学界开始宣称：空气不存在弹性，只是经过压缩之后，空气会保持一定的压缩状态。

面对法国科学界的结论，英国化学家波义耳不以为然，他觉得这并不能说明任何问题。针对这一实验，玻意耳指出，活塞不能完全弹回的原因是他们使用的活塞太紧。可是当他这番言论提出后，立刻招致反击，认为如果活塞太松，四周漏气，实验将无法进行。

为了证实自己的观点，同时找出科学真理，波义耳决定自己制作一个松紧适合的活塞。

一阵研究之后，波义耳召集了一些学者，公开演示自己的实验。他将水银倒进一根两端粗细不均的“U”形玻璃管中，玻璃管细长的一端开口，短粗的一端密封。注入的水银将玻璃管底部盖住，两边稍微上升，在密封的短粗管中，水银堵住一股空气。对此，波义耳给出的解释是活塞是所有压缩空气的塞子，水银可以充当活塞。这样的“活塞”不会因为摩擦而

★ 实验用的黄铜气缸

在这之后，波义耳通过玻璃管底部的阀门将水银排出，直到玻璃活

影响实验结果。

在实验中，波义耳记录下水银的重量，并在玻璃管空气与水银的交界处做上标记。之后，他开始向细长管一端注入水银，直到注满。这时，水银在短粗一端上升到一半的高度，在水银的挤压下，堵住空气的体积变成原来体积的一半还不到。这时，波义耳在玻璃管上标记第二条标记线，显示里面水银的新高度以及被堵住的空气的压缩体积。

水银

汞是一种有毒的银白色重金属，元素符号是Hg，俗称“水银”。它是常温下唯一的液体金属，游离存在于自然界并存在于辰砂、甘汞及其他几种矿中，常常用焙烧辰砂和冷凝汞蒸气的方法制取。水银主要用于科学仪器，如电学仪器、温度计、气压计以及汞锅炉、汞泵、汞气灯等。

塞、水银与实验开始时的重量完全一致。水银柱重新回到实验开始时的高度，被堵住的空气也恢复最初的位置。由此证实了波义耳的主张，驳斥了法国科学界的实验结论。

取得了阶段性成就的波义耳没有就此终止，而是继续开展自己的活塞实验。当他向受封闭的空气施加双倍压力时，空气体积减半；将压力增加到3倍时，体积减小到原来的1/3。根据这一现象，波义耳归纳总结出了被以他名字命名的“波义耳定律”：当受到挤压时，空气体积的变化与压强的变化总是成比例。

★ 利用注射器，就能感受到当时实验的情景，并且感受到空气的“弹性”

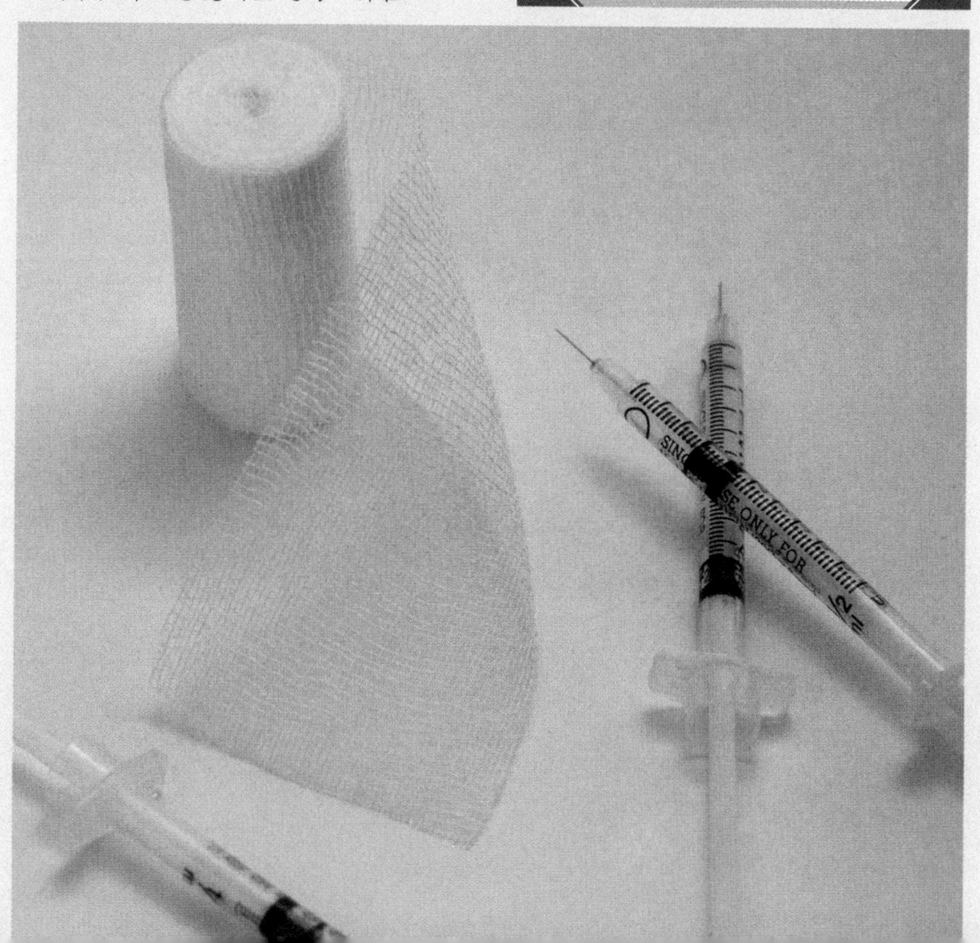

波义耳定律的提出，为气体的量化研究和化学分析奠定了基础。同时，作为描述气体运动的第一条定律，波义耳定律被科学界公认为是人类历史上第一条被发现的定律。

水银温度计

水银温度计是膨胀式温度计的一种，水银的凝固点是-38.87℃，沸点是356.7℃，用来测量0℃～150℃或500℃以内范围的温度，它只能作为就地监测的仪表。用它来测量温度，不仅比较简单直观，而且还可以避免外部远传温度计的误差。

法拉第电磁感应定律——原想证明“转磁为电”

引言

科学界因为“阴差阳错”而意外发现的定律可以说不胜枚举，物理学中法拉第电磁感应定律的发现就是一个鲜活的例子，因为它的初衷是为了证明“把磁转化成电”。

就像沿着研制感冒药物的目的，而结果意外发明了可口可乐配方一样，在人类对于自然科学的探索过程中，因为阴差阳错而收获意外成就的例子屡见不鲜。

物理学上，人们所熟知的法拉第电磁感应定律就是这样的无心收获，因为在发现这一定律之前，伟大的物理学家法拉第是抱着另一种目的而开始的探索与实验，那就是探寻磁能否产生电。

1820年，丹麦物理学家奥斯特在担任电学和磁学讲师的同时，也进行着电与磁的相关研究。一次当他的演讲行将结束之前，奥斯特不经意间又做了一次实验，他把一根纤细的铂导线放在玻璃罩下的小磁针上方，当电源接通的瞬间，奥斯特被眼前看到的情景惊呆了，或者说是瞬间收获了一个大的惊喜，因为他发现磁针跳动了。正是基于这一发现，在接下来的反复实验中，奥斯特提出了电流磁效应。

随着电流磁效应的发现以及提出，越来越多的物理学家开始把注意力放在这一领域，并且试图寻找到它的逆效应，也就是磁能否产生电，并对电产生作用。在这些物理学大师的行列里，也包括法拉第。

在法拉第之前最具代表性的两个人就是阿喇戈和洪堡。

1822年，阿喇戈和洪堡偶然发现金属对附近磁针的振荡有一定的阻尼作用。两年后，根据这一现象阿喇戈做了一个铜盘实验，并发现转动的铜盘会带动上方自由悬挂的磁针旋转，但磁针的旋转与铜盘不同步。由此，

阻尼

阻尼是指任何振动系统在振动中，由于外界作用或系统本身固有的原因引起的振动幅度逐渐下降的特性以及此一特性的量化表征。在电学中，阻尼是响应时间的意思。

证实了电磁阻尼和电磁驱动现象的存在，但由于没有直接表现为感应电流，所以这次实验并不深入。

1831年，法拉第在软铁环两侧分别绕两个线圈，一个是闭合回路，在导线下端附近平行放置一根磁针；另一个与电池组相连，同时连接开关，形成有电源的闭合回路。实验过程中，闭合开关，磁针偏转；切断开关，磁针反向偏转。这说明在没有电池组的线圈中出现了感应电流。

法拉第意识到，这是一种不恒定的暂态效应。于是在接下来的时间里，法拉第继续开展实验，并把产生感应电流的情形概括归纳成五类：变化的电流、变化的磁场、运动的恒定电流、运动的磁铁、在磁场中运动的导体。在这之后，法拉第正式把这些现象叫作电磁感应。

法拉第反复实验研究发现，在相

★ 电磁学大师法拉第

发电机

发电机是将其他形式的能转换成电能的机械设备，最早产生于第二次工业革命时期，由德国工程师西门子于1866年制成。它由水轮机、汽轮机、柴油机或其他动力机械驱动，将水流、气流、燃料燃烧或原子核裂变产生的能量转化为机械能传给发电机，再由发电机转换为电能。

同条件下不同金属导体回路中产生的感应电流与导体的导电能力成正比。他由此得出，感应电流是由感应电动势产生的，即便没有回路，没有感应电流，感应电动势依然存在。

法拉第的实验表明，不论用什么方法，只要穿过闭合电路的磁通量发生变化，闭合电路中就有电流产生。这种现象被称为电磁感应现象，所产生的电流叫作感应电流。

法拉第根据大量实验数据总结出：电路中感应电动势的大小，跟穿过这一电路的磁通变化率成正比。

这一定律就是著名的法拉第电磁感应定律。

法拉第电磁感应定律的提出，是人类对于电磁学认识的进一步加深，在物理学乃至人类文明进程中有着无比重要的作用。一方面，根据电磁感应原理，人们发明了发电机，这使得电能广泛应用以及远距离输出成为可能；另一方面，电磁感应现象在电工技术、电子技术以及电磁测量等方面都有广泛的应用。可以说是它促进了人类社会向电气化时代的大步迈进。

★ 在做电磁学演讲的法拉第

麦克斯韦方程组——从此电场磁场一家亲

引言

很长一段时期内，科学界对于电磁场的认识是分开的，也就是电场与磁场毫不相干，孤立存在。直到麦克斯韦方程组的提出，才正式实现了电磁场概念的统一。

自然科学在人类认识之前，往往以一种看似独立的形态呈现，然而他们之间却往往是一个紧密联系的整体。在物理学当中，这种情况更加明显。随着人类认知的逐渐深入，越来越多的原本孤立的概念开始“成家立业”，就像电场和磁场一样。

电场和磁场原本被看作两个互相独立的概念，真正使它们成为“一家亲”的应该是麦克斯韦方程组。

人类对于电磁学的研究与其他科学是一样的由浅入深的过程。我们回顾电磁学发展历史，当获知静电和磁遵守平方反比定律以后的一段时间里，科学界都按照这一认知进行着各自的推导与实验。然而在19世纪的前四十年里，却出现了一种反对这种观点的声音，转而认同“力的相关”。1820年，随着奥斯特电磁现象的发现，这种反对的观点获得了第一个证明。尽管如此，科学家们还是存在着一定的困惑。

奥斯特所观察到的电流以及磁体间的作用有两个不同于已知现象的基本点：它是由运动着的电产生的，这时的磁体既不被带电导线吸引，也不被排斥。对于这一发现，同一年法国科学家安培进行了总结，并在此基础上进一步创造了电动力学。在这之后，安培以及其他认同这一观点的学者们展开了大量的研究工作，希望使电磁的作用与有关瞬时超距作用的观点统一起来。（超距

★ 英国物理学家麦克斯韦

★ 为纪念安培而发行的纪念币

作用是指物理学历史上出现的一种观点。该观点认为，相隔一定距离的两个物体之间存在直接的、瞬时的相互作用，不需要任何媒质传递，也不需要任何传递时间。）

这一时期，有关电和磁的研究呈现出一种空前的兴盛。

1854年，英国物理学家麦克斯韦开始了他的电学研究。虽然那时他刚刚从剑桥毕业，但是在读完法拉第的

静电

静电是一种处于静止状态的电荷。在日常生活中，人们常常会发现在干燥和多风的秋天晚上脱衣服时，黑暗中常听到“噼啪”的声响，而且伴有蓝光；见面握手时，手指刚一接触到对方，会突然感到指尖针刺般刺痛；早上起来梳头时，头发会经常“飘”起来；等等。这些现象就是发生在人体的静电。

超距与以太之争

超距和近距两种对立观点在18世纪初争论十分激烈。法国的笛卡儿主义者在反对超距作用的同时，不恰当地否认了引力的平方反比定律，这就引起一些牛顿的年轻追随者起来捍卫牛顿的学说，并强烈地反对包括以太在内的全部笛卡儿观念。

《电学实验研究》之后，深受吸引，这也促使他对电学研究的热情一发而不可收。

然而，当时科学界对于法拉第的观点存在着不同的看法。当时，超距作用早已深入人心，同时，法拉第的理论主张因为其自身数学知识的不足而显得缺乏严谨性——法拉第的主张都是通过直观表达的。那时，多数物理学家都信奉牛顿的物理学主张，所以对法拉第的见解表示不接受。甚至在天文学领域，有天文学家公开喊话："谁要在确定的超距作用和模糊不清的力线观念中有所迟疑，那就是对牛顿的亵渎！"

麦克斯韦却没有被这些阻碍吓退，他始终坚信在法拉第的理论中暗藏着一直不被人们认知的科学真理。

在经过长期不懈的研究下，1862年，麦克斯韦《论物理的力线》论文完成，成功模拟了法拉第力线学说中的应力分布，同时得出了同已知的关于磁体、抗磁体以及稳恒电流之间力的理论完全相符的公式。

1863年，麦克斯韦发表了《论电学量的基本关系》。在论文里，他宣布了同质量、长度、时间度有关的电学量和磁学量的定义，这为二元电学单位制提供了第一次最完整详细的说明。

1865年，麦克斯韦发表了《电磁场的动力学理论》。在这篇论文里，他完善了自己的方程式，至此，电磁波的存在被最终证实。同时，法拉第最初关于光与电磁论的猜想也正式成为物理学真理。

随着几篇论文的发表，麦克斯韦方程组也最终形成。麦克斯韦方程不仅是电磁学的基本定律，也正是因为这一方程组的提出，才将电场磁场概念整合成电磁场概念，同时也将光学和电磁学统一起来。这被称为19世纪人类科学史上最伟大的综合之一。

★ 早期研究磁与电的实验设备

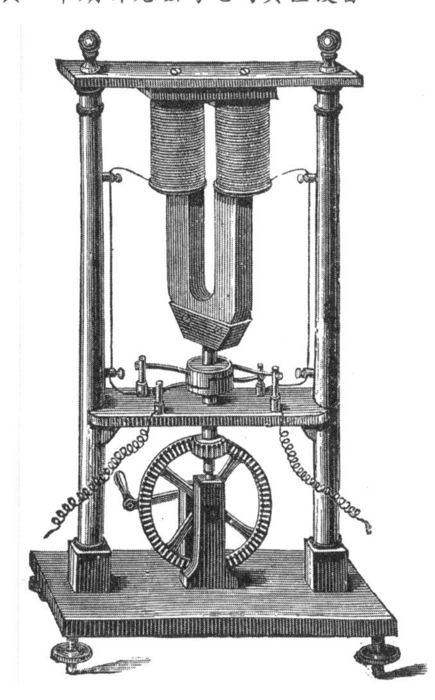

欧姆定律——历尽波折却被别人证明的定律

引言

能够提出一番理论并自己成功求证，或许是每个科学家的期许。然而，总有一些时候事与愿违——自己提出的新学说挑战了原有学说，在经历了众多怀疑后只能无奈地沉默，直到最终却被其他人证实。

欧姆定律就是这样一条经他人证实才得以获得认可的物理学真理。

人类探寻科学的道路是充满曲折的，往往随着认识的加深，坎坷也会越来越多。这里不仅包括自然科学本身的“神秘难测”，同时也包括人类自身对于新事物的抵制。毫无疑问，科学的获得是无比珍贵的，因为它凝聚了无数学者的汗水与辛酸。

在物理学中，欧姆是一位伟大的先行者，因为发现了欧姆定律而被世人熟知。然而欧姆定律从提出到获得认可的过程却几经波折。

欧姆生活的时期，正是电学取得迅速发展的时期，这无疑刺激了对科学有着狂热追求的欧姆。他决心去做一件事，那就是通过实验找到伏打电池电路中电流随着电池数目增加而增强的奥秘。

因为做实验需要实验设备，然而当时还没有能够测量电流强弱的实验仪器，所以欧姆的实验一直无法成功开展。直到1821年，施魏格尔和波根多夫一起发明了一种电流针，再次让欧姆看到希望。于是向来好学的欧姆一边向工人学习多种加工技艺，一边尝试着自己

★ 德国著名的物理学家欧姆，为物理学做出了巨大的贡献为了纪念他，人们将电阻单位用他的名字来命名

动手制作必要的电学仪器。

经过一段时间的埋头研究之后，一个应用电流磁效应、能够测量电流强弱的电流扭秤正式诞生了。

欧姆将一个磁针挂在一根扭丝上，并让磁针与通电的导线平行放置。当电流通过导线时，磁针就会向一定的角度偏转，由此也就可以判断导线中通过的电流的强弱了。之后，欧姆把一根电流针连接在自己的电路中，并创造性地在放磁针的盘面上标记出刻度，这样就能方便地记录下实验数据了。

本以为万事俱备，能够顺利开展自己的实验了，欧姆几次实验下来，却发现所得出的实验公式以及通过公式计算出的结果都是错误的。更为严重的是，欧姆实验初期就已经兴奋地把开始几次实验结果写成论文发表出去了。现在，就连自己都轻易地推翻了自己的结论，更何况其他抱着审视态度的科学家呢?

事实证明，欧姆为他的轻率付出了巨大的代价，众多科学家纷纷对他加以指责，并认定欧姆是科学界的骗子、假充内行。

很快，欧姆从失败中走出来，他决心找出真正的规律！这时，波根多夫被欧姆的执着打动，并写信鼓励欧姆继续实验，同时建议欧姆将伏打电池换作更加稳定的塞贝克温差电池。

欧姆从信中受到极大鼓舞，他接受了波根多夫的建议，开始利用温差电池取代伏打电池。实验中，他把一个接头浸在水温保持100℃的沸水中，另一个接头则放在温度保持在0℃的凉水里，这样就确定了电源能够供应稳定的电压。

有了稳定的电源，欧姆在总结以前实验教训之后，开始了反复的实验研究，终于在1827年成功得出了新的关系式：$X=a/(b+x)$，其中X表示电流强度，a表示电动势，$b+x$表示电阻，b是电源内部的电阻，x为外部电路的电阻。

这个关系式也就是欧姆定律的公式表达。至此，欧姆成功地实现了自己

伏打电池

公元1799年，科学家伏打用含食盐水的湿抹布，夹在银和锌的圆形板中间，堆积成圆柱状，制造出最早的电池——伏打电池。如今，人们把通过不同的金属片插入电解质水溶液制成的电池，通称为伏打电池。

伏打电池的发明，使得电的取得变成非常方便，现在电气所带来的文明，伏打电池是一个重要的起步。它带动了后来电气相关研究的蓬勃发展，之后电动机和发电机研发成功也要归功于它。而发电机之后电气文明的开始，导致了第二次产业革命的出现并改变人类社会的结构。

★ 现在电子设备中的电阻

最初的设想，并弥补了当初错误实验留下的遗憾。本以为欧姆定律能够挽回自己上次草率发表论文时所造成的“不良影响”，然而科学界依旧没有接纳他的发现，大多数科学家依旧不承认欧姆定律。这让欧姆十分沮丧。

然而可喜的是，真理始终是真理，不会因为怀疑而被埋没。1831年，另外一位名叫波利特的科学家公开发表了一篇论文，论文里得出的结果与欧姆的实验结果是一致的。至此，人们才重新开始审视欧姆定律。欧姆定律也在别人的证明下最终获得承认。

可以说，欧姆定律的诞生经历了无数的反复，获得认可又是一波三折，但这正是人类获取新认识的一个缩影。

一次性电池和可充电电池

常见的一次性电池包括碱锰电池、锌锰电池、锂电池、锌电池、锌空电池、锌汞电池、水银电池、氢氧电池和镁锰电池。

可充电电池常见的有铅酸电池、镍镉电池、镍铁电池、镍氢电池、锂离子电池。此类电池的优点是循环寿命长，可全充放电二百多次。有些可充电电池的负荷力要比大部分一次性电池高。

焦耳定律——一度不被认可的言论

引言

科学的认识过程中，往往出现一种新科学取代旧科学的结果。于是在这种新旧交替过程中往往存在着怀疑与否定。物理学基本理论——焦耳定律就是这样经历了诸多怀疑后才逐渐获得认可的定律。

人类对于电的探索一直保持着高度的热情，于是一个个有关电的定律被发现出来，这又极大地促进了人类对电的应用。就像欧姆定律诞生过程一样，往往很多定律的发现过程都是一个被否定，然后再重新认识的过程。

焦耳定律就是在这样的过程里慢慢由一个备受怀疑的“伪命题”变成物理学界甚至整个科学体系中占据重要地位的真理。

1840年，22岁的焦耳通过将环形线圈通电后放入装水的试管中，进而测量不同电流强度、不同电阻下水温的变化。同年年底，焦耳在英国皇家学会上发表了他电流生热的论文，正式提出电流通过导体能够产生热量的定律。巧合的是，在此后不久，俄国物理学家楞次也独立发现并提出了同样的定律。这一定律也被后来的科学界叫作焦耳—楞次定律。

1843年，焦耳设计了一个新实验。他将一个小线圈绕在铁芯上，用电流计测量感生电流，把线圈放在装水的容器中，测量水温以计算热量。这个电路是完全封闭的，没有外界电源供电，水温的升高只是机械能转化为电能、电能又转化为热的结果，整个过程不存在热质的转移。这一实验结果完全否定了热质说。这一年8月，焦耳在一次学术会议上做了有关这次实验的报告，并公开了自己测得的1千卡热量相当于460千克·米的功。可是

鲸油的应用

历史上，鲸油曾经是重要的照明和工业用油脂，用于制革工业，也用于炼钢以及用作润滑剂等。将鲸油氢化后可作食用和制造肥皂、蜡烛等的原料。现代社会随着鲸被列入受保护的生物，鲸油也已经停止使用。

★ 英国物理学家焦耳

报告结束时，焦耳并没有得到意料中的回应与支持。

这次失败的报告让焦耳重新冷静下来，他知道自己应该继续实验，并且计算出更加精准的数据。

在之后的一年里，焦耳仔细观察了空气在不同状态下的温度变化，并且取得了很多成就。通过对气体分子运动速度与温度之间关系的研究，焦耳测算出了气体分子的热运动速度值，这在理论上为玻意耳定律和盖-吕萨克定律的形成提供了基础，同时也合理地解释了气体对器壁压力的实质。

1847年，焦耳开始了被认为迄今为止设计最巧妙的实验。实验过程中，他在量热器当中装满了水，量热器中间装有带叶片的转轴，之后通过下降物体促使叶片旋转。因为叶片转动时与水产生摩擦，所以水温变热的同时，量热器也随之温度升高。由此，可以根据物体下落的高度测算出能够转化的机械功的数值；同时，根据量热器内水温的变化，计算水内能的升高值。在两个数值

热质说

在古希腊学者德谟克里特和伊壁鸠鲁以及古罗马学者卢克莱修的著作中出现了“热是物质的”这种说法：“热把空气一起带来，没有热，也就没有空气，空气和热混合在一起。”

到了近代，热质说获得了伽桑狄的支持。直到18世纪，热质说在物理学界还一直占据着统治地位。拉瓦锡和拉普拉斯等人认为，热是由渗透到物体当中的所谓“热质”构成的。其中，拉瓦锡甚至把“热质”列入化学元素表中，热质被看作是一种不可称量的“无重流体”，它的粒子彼此排斥而为普通物体的粒子所吸引。

得出之后，把它们进行比较，就能得出热功当量的准确数值了。

在这之后，焦耳尝试通过鲸油代替水来完成这项实验，并成功测得热功当量的均值为423.9千克·米/千卡。鲸油实验的成功，让焦耳更加满怀信心，于是在接下来的时间里，先后尝试其他不同方法进行实验四百多次。

1847年，在英国科学学会的会议上，焦耳第二次公布自己的实验成果时，却再次遭到人们的怀疑，因为他们深信各种形式的能之间是不能够转化的。

接下来的日子里，焦耳就这样默默地开展着自己对于科学的执着探索，直到1850年，先后又有其他科学家通过不同的实验证实了能量能够转化，焦耳的实验结果才开始被人们接受。焦耳定律也才正式在物理学界获得了应有的地位。

1847年，焦耳还提出能量守恒与转化定律，奠定了热力学第一定律（能量不灭原理）的基础。1850年，焦耳当选为英国皇家学会院士。1866年，英国皇家学会授予焦耳最高荣誉的科普利奖章，以表彰他在热学、热力学和电学方面取得的成就。后人为了纪念他，把能量或功的单位命名为“焦耳”（简称“焦”）。

★ 电能产生热，这在现代社会早已是一个常识电产生热也在生活中得到普遍运用，比如用电熨斗熨烫衣服等

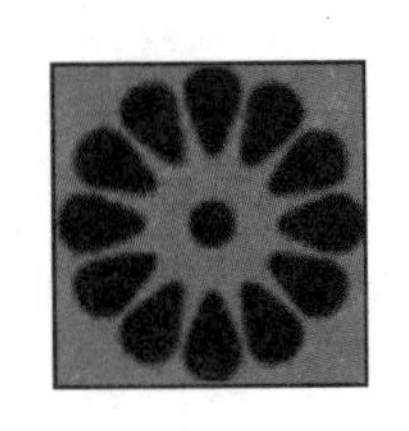

光的折射定律——数位大师的接力之作

引言

科学的获得，往往是一个不断继承与修正的过程。光的折射定律正是在多位物理学大师的不断实验研究中逐渐揭开面纱的。

人类文明进程中，最可贵之处无疑在于传承。正是因为不断地延续，人类文明才能在漫长的繁衍中生生不息。同样，在人类探索科学的道路上，正是这种承接，才使得人类不断收获真知。

在物理学上，最能体现这一关系的可能要数光的折射定律的研究。这一理论的形成正是数位物理学大师先后继承发展与完善的结果。

早在公元2世纪，古希腊天文学家托勒密就开始了对光的折射进行研究。在实验中，托勒密在一个圆盘上安装两把能够绕圆盘中心旋转的、中间能够活动的尺子，并将圆盘放在水里，使之与水面保持垂直，水面到达圆盘中心。之后转动尺子，使它们分别与入射光线、折射光线重合，接着取出圆盘，根据尺子位置测量出入射角与折射角。

经过实验，托勒密总结后提出：折射角和入射角成正比。然而，这一结论的正确与否，却存在着争议。后来，德国物理学家开普勒在反复研究了前人光学知识的基础上，大胆地反驳了托勒密的结论，同时开始自己设

★ 折射是人类对光的进一步认识，后来很多光学应用都是从这些认识中获得启示的

古希腊

希腊位于欧洲南部，地中海的东北部，包括巴尔干半岛南部、小亚细亚半岛西岸和爱琴海中的许多小岛。公元前6世纪前后，古希腊经济高度繁荣，产生了光辉灿烂的古希腊文化，对古罗马和后世欧洲的文化有很大的影响。

计实验希望发现折射定律。虽然实验没能获得成功，但是他在理论探索中却得出了他所认为的折射定律：折射角由两部分组成，一部分正比于入射角，另一部分正比于入射角的正割；只有在入射角小于30° 时，入射角和折射角成正比的关系才成立。

虽然开普勒得出的“折射定律”比托勒密进步了许多，但距离真理还有很大的差距。

1620年前后，荷兰数学家菲涅耳在总结了前人经验的基础上，通过实验成功地实现了开普勒最初的实验目的，提出了光的折射定律：不同的介质中，入射角和折射角的余割之比总是保持相同的值。

至此，折射定律被提出，同时因为菲涅耳的巨大贡献，折射定律也被叫作菲涅耳定律。这时的折射定律仍不是最终的表述形式。这或许在某种意义上来说，再一次给后来人提供了完善折射定律的可能。后来，法国科

★ 虽然被誉为“法国业余数学家之王”，但是费马在物理学上所取得的成就同样让人类为之惊叹

学家笛卡儿通过媒质中球的运动做类比，第一次给出了折射定律的现代表述形式。

对于科学的探索，每个人都有自己的方式和主张，有“法国业余数学家”之称的费马撇开实验，从理论的角度出发进行推导：光线在两点之间的实际路径是使所需的传播时间为极值的路径。通常情况下，这个极值是最小值，但有时也是最大值，有时为恒定值。由此得出了光学中的费马原理，并由费马原理能够进一步证明光的折射定律，甚至证明光传播的几何路程与介质折射率乘积为极值。

根据前人对于折射定律的研究基础，费马决定寻找不同的推导方式。于是，折射定律在费马的精心研究下又获得了新的发展。

费马认为不同的介质能够对光的传播形成不同的阻碍，为此他首先提出光在异种介质中传播时，会遵循费马原理，也就是所走的路程都是极值。根据这一概念，可以把光在媒质中所走过的路程折算为它在真空中传播的路程，进而比较光在异种媒质中所传播路程的长短。1661年，经过反复仔细推导，这位“业余数学家”终于通过自己的方式成功地推导出了物理学领域的光折射定律。

就这样，在长期的实验与研究中，在数位科学大师的不断“接力”下，光的折射定律从最初的朦胧形态，开始逐渐显露，并在不断的修正过程中慢慢完善。这就是折射定律的诞生过程。

折射率

光在空气中的速度与光在该材料中的速度的比值就叫作折射率。材料的折射率越高，使入射光发生折射的能力越强。折射率越高，镜片越薄，即镜片中心厚度相同。相同度数同种材料，折射率高的比折射率低的镜片边缘更薄。折射率与介质的电磁性质密切相关。

专题讲述

诺贝尔物理学奖——物理学成就的至高荣誉

作为人类科学成就最高荣誉的诺贝尔奖，一直以来都是科学界向往的荣耀。能够获得诺贝尔奖，是令科学家无比骄傲和自豪的事。自诺贝尔奖设立以来，物理学奖都是其中的一个重要组成。走进诺贝尔物理学奖，感受物理学大师的付出与成就，让那种荣誉激起对于科学的无限向往。

诺贝尔奖是依据瑞典伟大的化学家诺贝尔先生临终遗言设立的。在遗嘱中，诺贝尔提出将他的920万美元遗产作为基金，以利息分设物理、化学、生物或医学、文学以及和平五项奖金（后来增设了经济学奖），分别授予全球在这些领域或对人类做出巨大贡献的学者。

诺贝尔物理学奖作为诺贝尔奖项之一，旨在奖励那些对物理学做出突出贡献的科学家。由瑞典皇家自然科学院的瑞典或国外院士，诺贝尔物理和化学委员会委员，曾获得诺贝尔物理或化学奖的科学家，在乌普萨拉大学、哥本哈根大学、隆德大学、奥斯陆大学、赫尔辛基大学、卡罗琳医学院以及皇家技术学院永久或临时任职的物理和化学教授等，推荐每年的获奖候选人。获奖者由瑞典皇家科学院颁发奖金。

诺贝尔基金会正式设立于1900年，并于诺贝尔逝世五周年，也就是

★ 将发明家、化学家、工程师等诸多头衔集于一身，并在各个领域都取得了巨大成就的一代大师诺贝尔

1901年12月10日第一次颁发。此后，除因战争中断，每年这一天都会在斯德哥尔摩或奥斯陆举行颁奖仪式。

诺贝尔物理学奖历年得主（1943～2011）

1943—1960年

1943年：斯特恩（美国）开发分子束方法和测量质子磁矩。

1944年：拉比（美国）发明核磁共振法。

1945年：沃尔夫冈·E.泡利（奥地利）发现泡利不相容原理。

1946年：布里奇曼（美国）发明获得强高压强的设备，并用这些设备在高压物理学领域中做出的发现。

1947年：阿普尔顿（英国）高层大气物理性质的研究，发现电离层。

1948年：布莱克特（英国）改进威尔逊云雾室方法和由此在核物理和宇宙射线领域的发现。

1949年：汤川秀树（日本）提出核子的介子理论并预言介子的存在。

1950年：塞索·法兰克·鲍威尔（英国）发展研究核过程的照相方法，并发现π介子。

1951年：哈维尔·科克罗夫特（英国）和瓦尔顿（爱尔兰）用人工加速粒子轰击原子产生原子核嬗变。

1952年：布洛赫、珀塞尔（美国）从事物质核磁共振现象的研究并创立原子核磁力测量法。

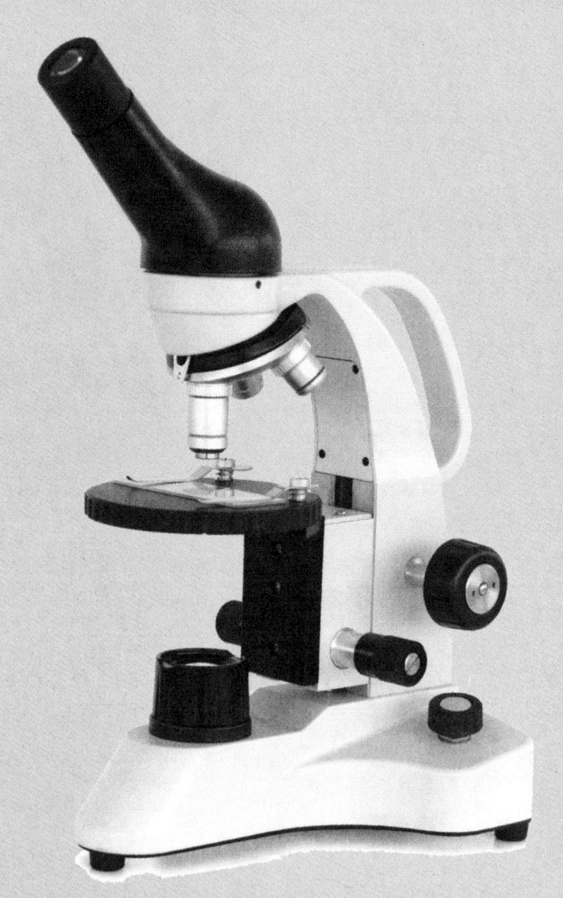

★ 现代显微镜在早期显微镜的基础上取得了巨大革新

1953年：泽尔尼克（荷兰）提出相称法，发明相称显微镜。

1954年：马克斯·玻恩（德国）在量子力学和波函数的统计解释及研究方面做出贡献；博特（德国）发明了符合计数法，用以研究原子核反应和γ射线。

1955年：兰姆（美国）发明了微波技术，在氢谱精细结构方面的发现；库什（美国）用射频束技术精确地测定出电子磁矩，创新了核理论。

1956年：肖克利、巴丁和布拉坦

（美国）发明晶体管及对晶体管效应的研究。

1957年：杨振宁（美籍华人）、李政道（美籍华人）对所谓的宇称不守恒定律的敏锐研究，该定律引发了有关基本粒子的许多重大发现。

1958年：切连科夫、夫兰克、塔姆（苏联）发现并解释切连科夫效应。

1959年：塞格雷、欧文·张伯伦（美国）发现反质子。

1960年：格拉塞（美国）发明气泡室，取代了威尔逊的云雾室。

1961—1980年

1961年：霍夫斯塔特（美国）关于电子对原子核散射的先驱性研究，并由此发现原子核的结构；穆斯堡尔（德国）从事γ射线的共振吸收现象研究并发现了穆斯堡尔效应。

1962年：达维多维奇·朗道（苏联）关于凝聚态物质，特别是液氦的开创性理论。

1963年：维格纳（美国）发现基本粒子的对称性及支配质子与中子相互作用的原理；梅耶夫人（美国）、延森（德国）发现原子核的壳层结构。

1964年：汤斯（美国）在量子电子学领域的基础研究成果，为微波激射器、激光器的发明奠定理论基础；巴索夫、普罗霍罗夫（苏联）发明微波激射器。

1965年：朝永振一郎（日本）、施温格、费因曼（美国）在量子电动力学方面取得对粒子物理学产生深远影响的研究成果。

1966年：卡斯特勒（法国）发明并发展用于研究原子内光、磁共振的双共振方法。

1967年：贝特（美国）核反应理论方面的贡献，特别是关于恒星能量生成的发现。

1968年：阿尔瓦雷斯（美国）发展氢气泡室技术和数据分析，发现大量共振态。

1969年：默里·盖尔曼（美国）对基本粒子的分类及其相互作用的发现。

1970年：阿尔文（瑞典）磁流体动力学的基础研究和发现及其在等离子物理富有成果的应用；奈尔（法国）关于反磁铁性和铁磁性的基础研究和发现。

1971年：伽博（英国）发明并发展全息照相法。

1972年：巴丁、库柏、施里弗（美国）创立BCS超导电性理论。

1973年：江崎玲于奈（日本）、贾埃弗（美国）发现超导体隧道效应；约瑟夫森（英国）提出并发现通过隧道势垒的超电流的性质，即约瑟夫森效应。

1974年：马丁·赖尔（英国）发明应用合成孔径射电天文望远镜进行射电天体物理学的开创性研究；休伊什（英国）发现脉冲星。

1975年：阿格·N.玻尔、莫特森（丹麦）、雷恩沃特（美国）发现原子

★ 样子有些像卫星接收器的射电望远镜

核中集体运动和粒子运动之间的联系，并且根据这种联系提出核结构理论。

1976年：丁肇中、里克特（美国）各自独立发现新的J/ψ基本粒子。

1977年：安德森（美国）、范弗莱克（美国）、莫特（英国）对磁性和无序体系电子结构的基础性研究。

1978年：卡皮察（苏联）低温物理领域的基本发明和发现；彭齐亚斯（美国）、R.W.威尔逊（美国）发现宇宙微波背景辐射。

1979年：谢尔登·李·格拉肖（美国）、史蒂文·温伯格（美国）、阿布杜斯·萨拉姆（巴基斯坦）关于基本粒子间弱相互作用和电磁作用的统一理论的贡献，并预言弱中性流的存在。

1980年：克罗宁和菲奇（美国），表彰他们在中性k介子衰变中发现基本对称性原理的破坏。

1981—2000年

1981年：西格班（瑞典）开发高分辨率测量仪器以及对光电子和轻元素的定量分析；布洛姆伯根（美国）非线性光学和激光光谱学的开创性工作；肖洛（美国）发明高分辨率的激光光谱仪。

1982年：K.G.威尔逊（美国）提出重整群理论，阐明相变临界现象。

1983年：萨拉马尼安·强德拉塞

卡（美国）提出强德拉塞卡极限，对恒星结构和演化具有重要意义的物理过程进行的理论研究；福勒（美国）对宇宙中化学元素形成具有重要意义的核反应所进行的理论和实验的研究。

1984年：卡洛·鲁比亚（意大利）对导致发现弱相互作用传递者，场粒子W和Z的大型项目的决定性贡献；范德梅尔（荷兰）发明粒子束的随机冷却法，使质子–反质子束对撞产生W和Z粒子的实验成为可能。

1985年：冯·克里津（德国）发现量子霍尔效应并开发了测定物理常数的技术。

1986年：鲁斯卡（德国）设计第一台透射电子显微镜；比尼格（德国）、罗雷尔（瑞士）设计第一台扫描隧道电子显微镜。

1987年：柏德诺兹（德国）、缪勒（瑞士）发现氧化物高温超导材料。

1988年：莱德曼（美国）、施瓦茨（美国）、斯坦伯格（美国）产生第一个实验室创造的中微子束，并发现中微子，从而证明了轻子的对偶结构。

1989年：拉姆齐（美国）发明分离振荡场方法及其在原子钟中的应用；德默尔特（美国）、保尔（德国）发展原子精确光谱学和开发离子陷阱技术。

1990年：弗里德曼（美国）、肯德尔（美国）、理查·爱德华·泰勒（加拿大）通过实验首次证明夸克的存在。

1991年：皮埃尔·吉勒德–热纳（法国）把研究简单系统中有序现象的方法推广到比较复杂的物质形式，特别是推广到液晶和聚合物的研究中。

1992年：夏帕克（法国）发明并发展用于高能物理学的多丝正比室。

1993年：赫尔斯（美国）、J.H.泰勒（美国）发现脉冲双星，由此间接证实了爱因斯坦所预言的引力波的存在。

1994年：布罗克豪斯（加拿大）、沙尔（美国）在凝聚态物质研究中发展了中子衍射技术。

1995年：佩尔（美国）发现τ轻子；莱因斯（美国）发现中微子。

1996年：D.M.李（美国）、奥谢罗夫（美国）、R.C.理查森（美国）发现了可以在低温度状态下无摩擦流动的氦同位素。

1997年：朱棣文（美籍华人）、W.D.菲利普斯（美国）、科昂·塔努吉（法国）发明用激光冷却和捕获原子的方法。

1998年：劳克林（美国）、霍斯特·路德维希·施特默（美国）、崔琦（美籍华人）发现并研究电子的分数量子霍尔效应。

1999年：H.霍夫特（荷兰）、韦尔特曼（荷兰）阐明弱电相互作用的量子结构。

2000年：阿尔费罗夫（俄罗斯）、克罗默（德国）提出异层结构理论，并开发了异层结构的快速晶体管、激光二极管；杰克·基尔比（美国）发明集成电路。

2001—2011年

2001年：克特勒（德国）、康奈尔（美国）、卡尔·E.维曼（美国）在“碱金属原子稀薄气体的玻色—爱因斯坦凝聚态”以及“凝聚态物质性质早期基本性质研究”方面取得成就。

2002年：雷蒙德·戴维斯（美国）、里卡尔多·贾科尼（美国）、小柴昌俊（日本），“表彰他们在天体物理学领域做出的先驱性贡献，其中包括在‘探测宇宙中微子’和‘发现宇宙X射线源’方面的成就”。

★ 集成电路在现代生活中随处可见，并且无时无刻不发挥着重要作用

2003年：阿列克谢·阿布里科索夫（俄罗斯）、安东尼·莱格特（美国）、维塔利·金茨堡（俄罗斯），“表彰三人在超导体和超流体领域中做出的开创性贡献”。

2004年：戴维·格罗斯（美国）、戴维·普利策（美国）和弗兰克·维尔泽克（美国），表彰他们“对量子场中夸克渐进自由的发现”。

2005年：罗伊·格劳伯（美国）表彰他对光学相干的量子理论的贡献；约翰·霍尔（美国）和特奥多

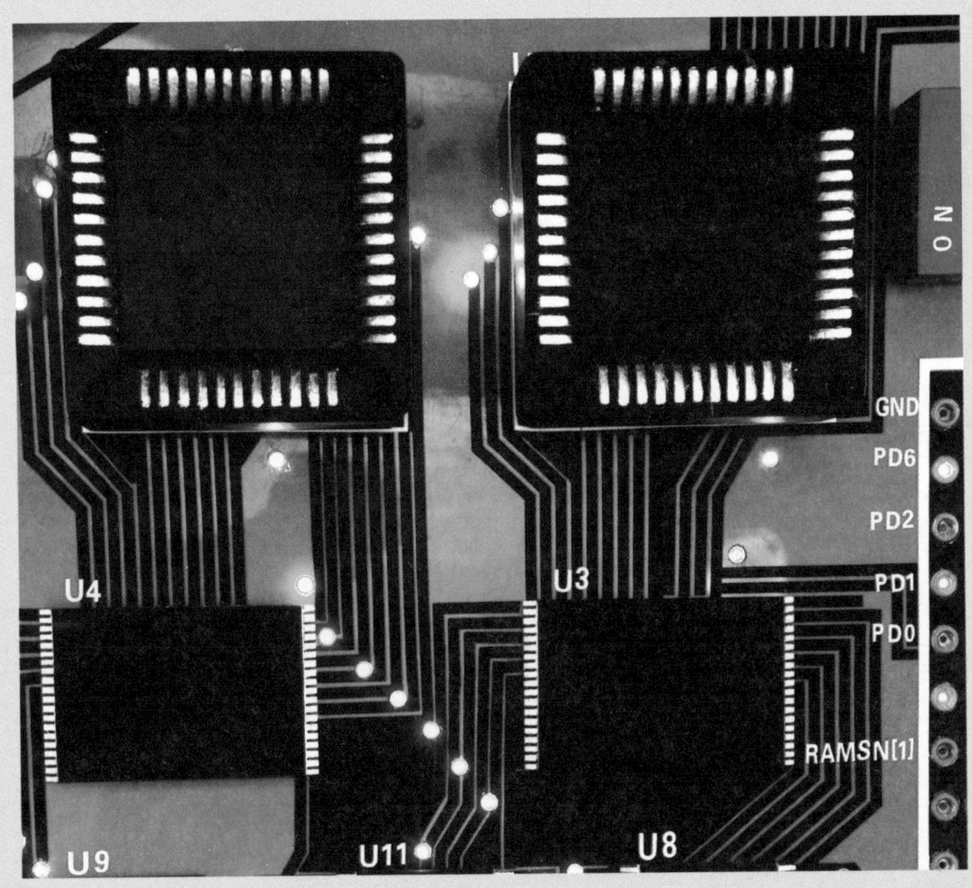

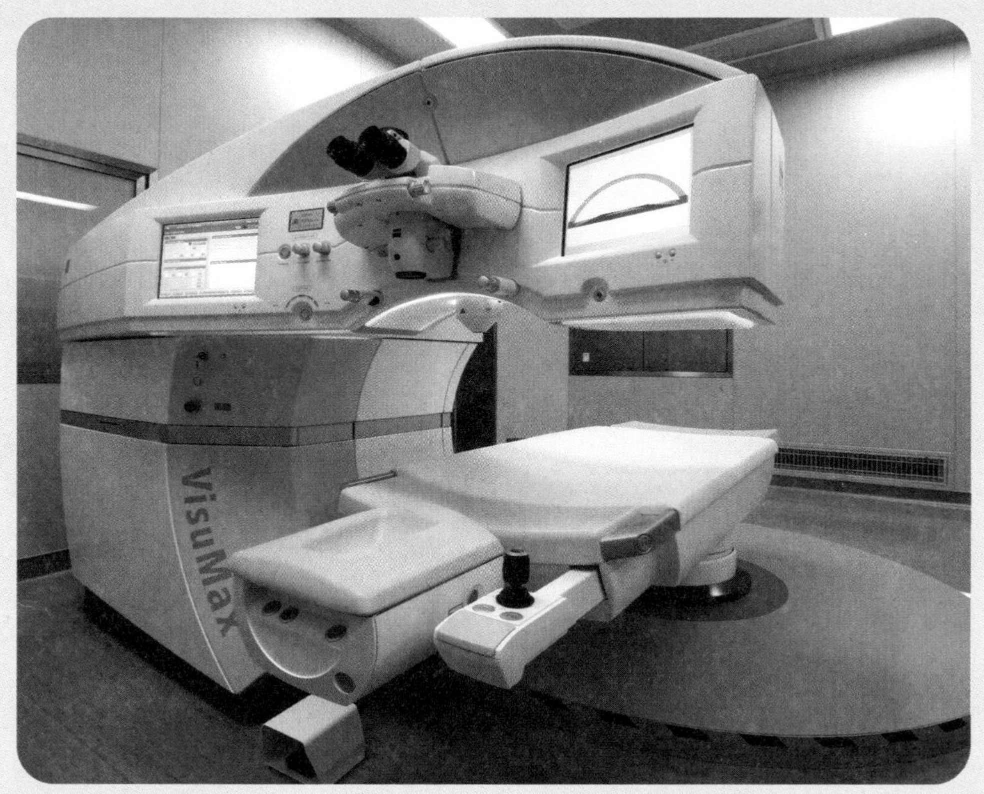

★ 对激光光谱的研究，让人们进一步将其利用于现代医学等领域，造福人类

尔·亨施（德国），表彰他们对基于激光的精密光谱学发展做出的贡献。

2006年：约翰·马瑟（美国）和乔治·斯穆特（美国）表彰他们发现了黑体形态和宇宙微波背景辐射的扰动现象。

2007年：艾尔伯·费尔（法国）和皮特·克鲁伯格（德国），表彰他们发现巨磁电阻效应的贡献。

2008年：南部阳一郎（日本），表彰他发现了亚原子物理的对称性自发破缺机制；小林诚（日本）、益川敏英（日本）提出了对称性破坏的物理机制，并成功预言了自然界至少三类夸克的存在。

2009年：高锟（英籍华裔）因为“在光学通信领域中光的传输的开创性成就”而获奖；韦拉德·博伊尔（美国）和乔治·史密斯（美国）因“发明了成像半导体电路——电荷耦合器件图像传感器CCD”获此殊荣。

2010年：安德烈·盖姆（英国）和康斯坦丁·诺沃肖洛夫（英国）因在二维空间材料石墨烯的突破性实验获奖。

2011年：萨尔·波尔马特（美国）、布莱恩·施密特（美国、澳大利亚）以及亚当·里斯（美国），“透过观测遥距超新星而发现宇宙加速膨胀”。

一门学科的重要意义之一就在于它的实际应用，这也是科学存在的价值。自从人类在生活当中逐渐发现物理学的应用，并在漫长的人类进程中不断将其修正与完善，最终形成的物理学也积极地影响着人类文明，物理学发明就是最鲜活的证明，因为它们就是物理学原理在实际生活中的运用。它们，改变了人类生活。

科学探索丛书
第四章
走近物理学发明

指南针——用“磁”指引方向

引言

方向对于人类而言，有着特殊的意义。野外生存或是外出行走，如果“不辨东西，不识南北”，那会是怎样的茫然？于是，在长期的摸索中，人们开始寻求一种能够帮助人类时刻指引方向的工具。在这种情况下，“指南针”从人类智慧中诞生了。

自然界如梦幻一般神奇而广阔，人类生活在其中，就显得如此的渺小。面对复杂的自然环境，在生产力低下的古代，人们往往会迷失方向，对于东南西北方位的辨识，经常无计可施。于是，一种能够时刻准确指引方向的发明成为人们急切的期许。

后来，在古老的中华大地上，“司南”诞生了，并成为人类历史上第一个“指南针”。

在《鬼谷子》中有记载：到深山中采集玉石的郑国人，为了避免迷失方向，所以会带着“司南”。这在其他古代著作中也多有提及。《韩非子》载：“夫人臣之侵其主也，如地形焉，即渐以往，使人主失端，东西易面而不自知。故先王立司南以端朝夕。”《论衡·是应》曰：“司南之杓，投之于地，其柢指南。”

司南作为中国古代四大发明之一，是古人利用天然磁石雕磨成勺形，放在标刻着方位的光滑盘面上，利用磁性的作用指示南北。

司南的形态已经非常接近现代指南针的体型，而指南针也正是根据司南逐渐发展演变而来。“指南”的概念来源于张衡的《东京赋》：“良久

★ 司南作为最初的指南针，它是人类早期对磁的认识与应用

《鬼谷子》

《鬼谷子》，也叫《捭阖策》。全书共有十四篇，其中第十三、第十四篇已失传。相传是由鬼谷先生后学者根据先生言论整理而成。该书侧重于权谋策略及言谈辩论技巧。

乃言曰：'鄙哉予乎！习非而遂迷也，幸见指南于吾子。'"在这之后，经过魏晋南北朝、直到宋代经过一千多年逐渐形成。宋代科学家沈括对指南针的发展状况做了详细的描述，总结了其间古代劳动者所创造的四种指南针装置方法。第一种是水浮法，也就是把磁针放置于水面进行指南，这种方法相对简便，但是容易受水波影响而波动不定；第二种是指甲旋定法，指示方向时，把磁针放在指甲上，这

★ 指南针的出现，为人类生活带来了无限便利，让人类在生产生活中不在受困于方向的分辨

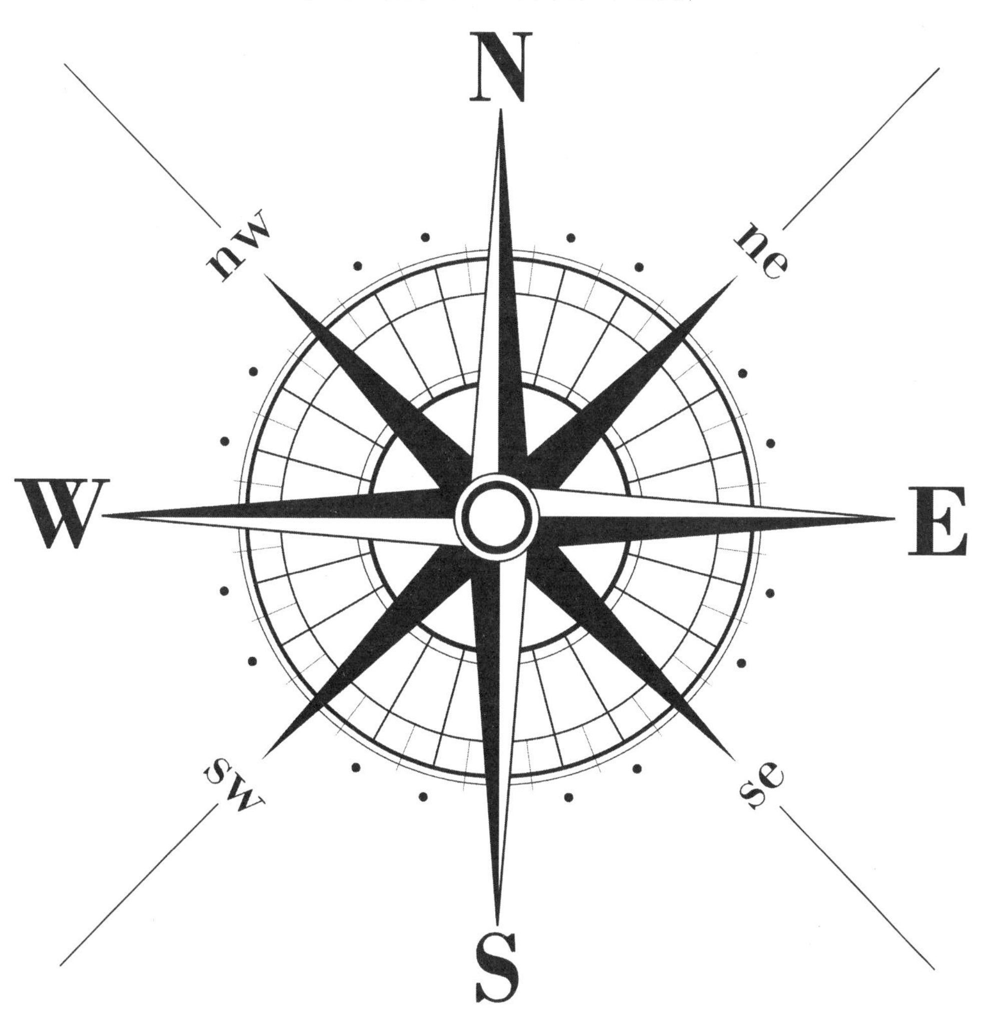

大航海时代

大航海时代，又被称作地理大发现的时代，指在15－17世纪世界各地，尤其是欧洲发起的广泛跨洋活动与地理学上的重大突破的时代。这些远洋活动促进了地球上各大洲之间的沟通，并随之形成了众多新的贸易路线。

伴随着新航路的开辟，东西方之间的文化、贸易交流大量增加，殖民主义与自由贸易主义开始抬头。欧洲则在这个时期快速发展并奠定了超过亚洲繁荣的基础。人们不仅在这个时代中发现了新的大陆，增长了大量的地理知识，也极大促进了欧洲的海外贸易，并成为欧洲资本主义兴起的重要环节之一。

种方法转动灵活，但是很容易掉落；第三种方法是碗唇旋定法，也就是把磁针放在碗口边上，虽然这种方法一样能使磁针转动灵活，但是缺点和指甲旋定法一样容易磁针掉落；最后一种是缕旋法也是相对来说最好的一种，同过蚕丝将磁针悬挂起来，这样不仅可以达到转动灵活而且又非常稳定，不会掉落。

除了这种使用天然磁以外，沈括还记载了“人工授磁”方法：“以磁石磨针锋，则能指南。”这种通过人工使金属产生磁性，不仅是古代人们对于物理学磁知识认识的巨大进步，而且也是人类文明进步的一个标志。

除了这些“指南针”以外，人们在长期劳动中还曾制作了“指南鱼”“旱针”“水针”等指南发明。其中的旱针与水针为近代罗盘针的形成奠定了基础。

指南针出现之后，被迅速应用

到日常生活、生产、航海以及军事当中。尤其是对于航海的发展与推动，起到了无比巨大的影响，甚至可以说指南针的发明，直接开启了西方大航海时代的序幕。

虽然随着人类科技的迅猛发展，如今各种卫星导航等定位系统已经很普遍地应用到了人们的生活当中，但是作为物理学重要发明的指南针，依旧以它特有的方式作用于人类，为人类默默地做着方向的指引。

★ 卫星定位系统在现代人类生活中发挥着积极的作用从指南针到卫星导航，科技发展发生着巨大变化

天文望远镜——一只观天的眼

引言

人类自诞生之初，就对宇宙有着无法割舍的向往与好奇，总是幻想着生出双翅，到宇宙中近览群星的璀璨。这在当时，无异于一种痴人说梦。后来，当天文望远镜被发明出来，人类终于能够得偿所愿。即便不能身临宇宙，却一样能够用双眼一探宇宙的奥秘。

一直以来，人类纵然对宇宙天文有着强烈的与生俱来的好奇，但是碍于生产力低下、科技水平落后等条件的制约，一直无法真正近距离对宇宙天文进行观测与研究。这样的一种愿望却从来没有在人类的心底消失过。

后来，随着自然知识，特别是物理学知识的积累，人类逐渐掌握了一些天文观测技巧，甚至创造性地发明了如天文望远镜一类的器材设备。

说起天文望远镜，不得不提的就是伽利略。正是这位伟大的天文物理学家发明了人类历史上第一台天文望远镜。他通过自己的发明先后发现了月球的高地和环形山所投下的阴影、太阳黑子以及木星的四颗最大卫星。由此，开启了天文学观察研究的新纪元。

1609年年中，伽利略到威尼斯作学术访问，其间听说了荷兰人发明出一种能够看见遥远物体的“幻镜”。这一消息极大地吸引了伽利略。于

★ 灿烂的星空，始终闪烁着引人向往的光芒

是，他很快借故结束了行程，返回大学开始了关于“幻镜”的研究工作。

在伽利略的潜心研究下，两架仿制的仪器很快就诞生了。或许“幻镜”只是富商、贵族取乐的玩具，而伽利略却将仿造出的仪器对准了浩渺的星空。

1609年8月，伽利略通过它成功地观察了月球。原本印象里精美绝伦的银盘在这架仪器里显露了它千疮百孔的原形。在震惊的同时，伽利略把月球上四周边缘突起的圆状命名为“环形山”，而那些相对平坦黑暗的区域则被他叫作“海”。

月球的成功观察，让伽利略大受鼓舞，于是他再一次将目光移向了灿烂的星星。虽然在望远镜里，星星依旧那么小，但是星光却更加明亮。这让他相信哥白尼所预言的“恒星距离我们极其遥远”将是一个科学真理！

在这之后，伽利略又将望远镜对准了行星。1610年1月，伽利略发现了木星那淡黄色的小小圆面，由此证明行星确实比恒星近得多。同时，他又相继发现了木星旁边始终有四个更小的光点，它们几乎排成一条直线。最终，在连续几个月的跟踪观测下，他确信，像月球环绕地球一样，那四个

太阳黑子

太阳黑子是在太阳的光球层上发生的一种太阳活动，是太阳活动中最基本、最明显的。一般认为，太阳黑子实际上是太阳表面一种炽热气体的巨大旋涡，温度大约为4 500℃。因为其温度比太阳的光球层表面温度要低1 000℃～2 000℃，所以看上去像一些深暗色的斑点。太阳黑子很少单独活动，通常是成群出现。黑子的活动周期为11.2年，活跃时会对地球的磁场产生影响，主要是使地球南北极和赤道的大气环流做经向流动，从而造成恶劣天气，使气候转冷，严重时会对各类电子产品和电器造成损害。

☆ 宇宙中的地球与月球

★ 月球，并不是想象中的那样光洁圆润

光点都在绕木星转动，应当是木星的卫星。

随着对月球以及其他行星的顺利观察，伽利略逐渐开始对金星产生了兴趣。1610年8月，他通过望远镜成功发现了金星呈弯月般的形状。可是为什么金星会像月球一样存在位相变化呢？对此，伽利略认为金星并非在做绕地球旋转，而是在围绕太阳转动，而且只有当金星与太阳的距离小于金星与地球的距离时，才能出现这种情况。

随着伽利略运用他所发明的望远镜多次成功地观测到宇宙天文现象，越来越多的观测结果成为后来推翻地心说的事实依据。对此，人们经常说：“哥伦布发现了新大陆，伽利略发现了新宇宙。”

天文望远镜的应用，让“近距离”观测太空成为现实。

其实伽利略所制造的望远镜相对比较简单，属于折射望远镜，只是在不透光的管子两端安装了两个透镜。在伽利略发明望远镜后，1611年，德国天文学家开普勒通过用两片双凸透镜分别作为物镜与目镜，将望远镜的放大倍数做了巨大提高。到了1814

年，折反射式望远镜诞生。1931年，德国光学家施密特用一块非球面薄透镜作为改正镜，与球面反射镜搭配，制成了能够消除球差和轴外像差的施密特式折反射望远镜，并成为天文观测的重要工具。

现代天文望远镜，相比它的诞生之初，已然发生了天翻地覆般的变化。

★ 天文望远镜的应用，让“近距离”观测太空成为现实

望远镜原理

望远镜是一种用于观察远距离物体的目视光学仪器，能把远物很小的张角按一定倍率放大，使之在像空间具有较大的张角，使本来无法用肉眼看清或分辨的物体清晰可辨。望远镜是天文和地面观测中不可缺少的工具。

☆ 现代天文望远镜，相比诞生之初，已然发生了天翻地覆般的变化

温度计——让温度有了数值的显示

引言

在人类对于自然的认识过程中，随着认识的加深，总是需要一些“工具”来发现更多的科学奥秘。这些工具也正是在之前不断探索得来的知识的实际运用。温度计作为物理学界的一项小发明，在人们的生活中却起着巨大的作用。发明虽小，却也经历了无数次改良与完善。

温度是人类对于自然冷暖的一种感官体验。长期以来，温度变化一直对人类生产生活产生着种种或有利或不利的影响，于是对于温度的测量成为人们必须解决的问题。也正因为如此，发明一种能够测量温度度数的“温度计”成为一种必要。

在漫长的时间进化过程中，伴随着无数科学家的不断努力，1593年，最早的温度计在意大利科学家伽利略的手中诞生。他所发明的温度计是一根奇怪的玻璃管，玻璃管一段敞口，一端以一个核桃一样大小的玻璃泡封闭。在使用时，需要先给玻璃泡加热，之后再将玻璃管小心翼翼地插入水中。随着温度的变化，玻璃管里的水位就会相应地上下移动，最后再根据水位移动情况判定温度的变化以及温度的高低。这种一端开放式的温度计，受热胀冷缩作用的同时，也会因为外界大气压强等环境因素的影响，测量误差难免较大。

这样的温度计显然无法成为真正实用的温度测量仪器。之后，伽利略的学生以及其他很多科学家开始在伽利略的研究基础上进行反复的实验改进。比如，将他所发明的温度计玻璃管倒置，将液体注进管内，然后将玻璃管密封。在这其中，法国人布利奥在1659年改进的温度计成为众多“改良成果”中最为突出的一个。他把玻璃泡的体积缩小，并将玻璃管内的液体换成水银。这样，经过他改良的温度计成为了现代温度计

热胀冷缩

自然界中，物体受热时会膨胀，遇冷时会收缩。这是因为物体内的粒子运动会随温度改变，当温度上升时，粒子的振动幅度会相应加大，促使物体膨胀；当温度下降时，粒子的振动幅度便会随之减少，使物体收缩。

体温计与体温计使用

体温计也叫“医用温度计”，它的测温物质是水银。体温计的液泡容积比上面细管的容积大得多。玻璃泡里的水银，由于受到体温的影响，产生微小的变化，水银体积的膨胀，使管内水银柱的长度发生明显的变化。

因为人体温度通常在35℃～42℃之间变化，所以体温计的刻度一般是35℃～42℃。因为每度的范围又分成为10份，所以体温计可精确到1/10℃。体温计的下部靠近液泡的地方是一个很狭窄的曲颈，当测量体温时，液泡内的水银受热膨胀，水银可由颈上升到管内某一高度，当与体温达到热平衡时，水银柱高度恒定。因为当体温计离开人体后，外界气温较低，水银遇冷体积收缩，就在狭窄的曲颈处断开，使已升入管内的部分水银退不回来，仍保持水银柱在与人体接触时所达到的高度，所以在进行第二次测量之前，要“甩动”体温计，使水银恢复原位。

的锥形。

经过数十年的发展，荷兰人华伦海特在1709年和1714年分别利用酒精和水银作为测量物质，制作出了更加精准的温度计。之后，他观察了水的沸腾温度、冰水混合物温度、冰与盐水混合物的温度，在经过大量实验测量后，华伦海特把一定浓度的盐水凝固时的温度定为0℉；将纯水凝固温度定为32℉；标准大气压下水的沸腾温度定为212℉。在这里“℉”代表华氏温度，而华伦海特所发明的这种温度计也就是华氏温度计。

几乎与华氏温度计同期，法国人列缪尔也改制出一种温度计。因为他觉得水银的膨胀系数过小，不适合作为测温物质，所以在他的实验中，抛弃了水银，而是选择用了酒精。在反复实验后他发现，含有1/5水的酒精，在水结冰到沸腾温度之间，体积膨胀从1 000个体积单位扩大到了1 080个体积单位。他将冰点与沸点之间划分为80份，作为自己设计温度计的温度分度。这种温度计被叫作列式温度计。

直到这时，无论是华氏温度计还是列式温度计，依然没能成为人们最常用的温度计。最终，也就是华氏温度计诞生三十多年以后，瑞典物理学家摄尔修斯在1742年通过对华氏温度计的改进，成功推出了他的研究成果，也就是现在人们常见的摄氏温度计。

摄尔修斯将水的沸点定为0℃，冰点定为100℃。后来摄尔修斯的同事施勒默尔将两个温度数值倒过来，也就成了现在的摄氏温度，摄氏温度用符号“℃”标示。摄氏温度与华氏温度的关系式为℃=（℉−32）÷1.8

至此，温度计基本形成了固定的样式，除了美国等国多用华氏温度计以外，全球科技界以及大多数国家工农业生产、日常生活中都选用摄氏温度计。

电池——将神奇“收入瓶中”

引言

自然界的电，虽然有着巨大的似乎显得无比神奇的力量，但是对于人类，又怎么将它握在手中加以利用呢？或许电池就是最好的答案，因为电池是一只更具“魔力”的能够将电这种神奇装载进来的“魔瓶”。

若干年前，人类从懵懂中开始有了对电的初步认识。于是在很多人的脑海中，开始“幻想”，想象怎样将这种自然界的神奇力量握在手中，进而成为人类生产与生活中的助推。

也许这样一种冲动在普通人眼中确实是一种奢望与幻想，但是在科学家眼中，这是一个目标，一种能够成为现实的追求。于是，无数科学家开始尝试着进一步去了解电。

这样，又是一番漫长的探索过程，然而随着时间辗转，一种真的将人们幻想中的神奇力量——电握在手中的发明逐渐露出了属于它的轮廓，那就是电池的雏形。

在18世纪40年代以后，随着对电的认识加深，物理学家开始将注意力转向大气中电现象以及发电装置的研究。

1745年，普鲁士人克莱斯特通过导线把摩擦产生的电引向装有铁钉的玻璃瓶，当他不经意间用手碰触铁钉时，手被猛烈地刺激了一下。

这次意外的“刺激”启发了很多学者，莱顿大学教授马森布罗克就是其中之一。因为长期以来他一直受困于收集起来的电很容易在空气中不知不觉消失，所以他想寻找到一种能够完好地保存电的方法。

纳米电池

纳米电池也就是用纳米材料，比如纳米MnO_2、$Ni(OH)_2$等制作的电池，纳米材料具有特殊的微观结构和物理化学性能。目前，国内技术成熟的纳米电池是纳米活性炭纤维电池。纳米活性炭纤维电池主要用于电动汽车、电动摩托、电动助力车等交通工具上。这种电池可循环充电1 000次，连续使用十年左右。它的每次充电时间只需20分钟，能够平路行驶400千米。纳米活性电池的质量为128千克左右，已经超越美日等国同行业水平。

一天，他用一支枪管悬在空中，将枪管与起电机相连，并用一根铜线从枪管引出，浸入装有清水的玻璃瓶中，玻璃瓶握在助手的手中。然后，马森布罗克用力摇动起电机。这时，他的助手不小心一只手碰到了枪管，瞬间，他感受到一股强烈的电击。于是马森布罗克换下助手，亲自体验了一下。就是这一次体验，让他产生了畏惧，从而不愿意再重复实验，但是他却得出结论："玻璃瓶能够保存带电体所带的电。"

虽然没弄清楚究竟是瓶子还是水对电的保留起到了作用，但是这一实验却成为物理学史上著名的实验，实验中这个能够保存电的瓶子被叫作"莱顿瓶"。

莱顿瓶实验虽然存在巨大的死亡恐惧，但是这并没有消减人们进一步

★ 能够让电成为人类生活中的支配，让它在人类生活中发挥更大的价值，是过去某个阶段里人们的梦想与愿望

★ 电池的发明，实现了人类存储电的愿望，这为人类对电的认识与使用有着积极意义

研究的热情。

1786年，意大利解剖学家伽伐尼在做青蛙解剖实验时意外发现了“生物电”。生物电的发现再次刺激了物理学界，意大利物理学家伏打也是其中之一。他在反复研究伽伐尼的实验后，认为伽伐尼生物电的说法不正确，于是自己进行了论证，并发现两种金属片之间，只要有一种与溶液发生化学反应，金属片之间就能产生电流。

伏打继续实验，1799年，伏打在实验中将一块锌板和一块银板浸在盐水里，发现两块金属板之间连接的导线有电流通过。于是，他将许多锌板与银板之间垫上浸透盐水的绒布，之

生物电的概念

生物的器官、组织和细胞在生命活动过程中发生的电位和极性变化。它是生命活动过程中的一类物理、物理—化学变化，是正常生理活动的表现，也是生物活组织的一个基本特征。

后平叠起来。用手碰触两端时，身体受到了强烈的电流刺激。于是，在惊喜中，人类第一块电池诞生了，它被叫作“伏打电堆”。

1836年，英国人丹尼尔对伏打电堆进行了改良研究，他通过使用稀硫酸作为电解液，制造出了第一个不极化并且能够保持平衡的锌铜电池。

二十几年之后，法国人普朗泰发明出使用铅电极的电池。这种电池因为能够充电反复使用，所以被叫作“蓄电池”。

直到这时，因为所有的电池都是在两种金属板之间灌装液体，所以既危险又不方便，依然无法被普遍应用。

1860年，法国人雷克兰士研制出负极为锌汞合金的合金棒，而正极是以一个多孔的杯子盛装着碾碎的二氧化锰和碳的混合物。混合物中插有一根碳棒作为电流收集器。负极棒和正极杯都被浸在作为电解液的氯化铵溶液中。这种电池被因此被叫作“湿电池”。湿电池直到1880年才被改进的“干电池”取代。

太阳能电池——人类根据现代技术开发出的环保电池。

漫长的改良过程，终于实现了人类当初那个对电显得“奢侈”的愿望，电池的发明，成为物理学乃至全人类历史重要的一笔。

★ 太阳能电池——人类根据现代技术开发出的环保电池

蒸汽机——驶向新时代的引擎

引言

如果说有一种发明改变了人类诞生伊始的慢节奏，从此开启了人类工业文明的进程，那么这件发明一定是蒸汽机。就是它的出现，成为人类驶向又一个文明的有力牵引。

人类总是在生活里收获启发，在启发中提取知识，知识的运用往往产生新的发明，新发明的诞生又会再次应用于人类的生产生活当中。如此的循环往复，历史就在这种不断的循环间滚滚向前。

物理学作为与人类联系最为紧密的科学之一，它所产生的发明，往往都会带来巨大的生产变革，蒸汽机就是一个最有力的说明。

古希腊数学家希罗在1世纪发明了汽转球，这被认为是人类历史上第一个蒸汽机。不过，它只是一个玩具而已。大约在1679年，法国物理学家丹尼斯·巴本制造了第一台蒸汽机工作模型。在这之后的1698年，托马斯·塞维利、1712年，托马斯·纽科门和1769年詹姆斯·瓦特制造了早期的工业蒸汽机。他们对蒸汽机的发展都做出了自己的贡献。1807年，罗伯特·富尔顿第一个成功地用蒸汽机来驱动轮船。

大科学家瓦特并不是蒸汽机的发明者，因为在他之前蒸汽机就已经出现了，那时的蒸汽机也就是纽科门蒸汽机。

纽科门蒸汽机耗煤量大、工作效率低，无法真正意义上为生产带来便利，为此，很多科学家开展了一系列改良研究。瓦特运用科学理论，通过认真实验研究，逐渐找到了这种蒸汽机的“病症”。

此后从1765年到1790年，瓦特进行了大量的发明。分离式冷凝器、

煤

煤作为不可再生的资源，是古代植物埋藏在地下经历了复杂的生物化学和物理化学变化逐渐形成的固体可燃性矿物，一种固体可燃有机岩。它既是重要能源，也是冶金、化学工业的重要原料。主要用于燃烧、炼焦、气化、低温干馏、加氢液化等。煤炭是人类的重要能源资源，任何煤都可作为工业和民用燃料。

汽缸外设置绝热层、用油润滑活塞、行星式齿轮、平行运动连杆机构、离心式调速器、节气阀、压力计等等都在这期间诞生。这些研究成果使蒸汽机的工作效率提高到原来纽科门机的三倍多。这种经过改良的蒸汽机的出现，也正式宣告了现代意义上的蒸汽机的诞生。

改良后的蒸汽机的出现，被广泛应用到采矿业、冶炼、纺织、机器制造等行业当中，不仅节省了人力，同时极大地提高了劳动生产效率，并由此引发了一次影响巨大的工业革命。

可以说，蒸汽机对于人类文明的迈进起到了非常巨大的推动作用，在人类科技史上起着有力的牵引作用。

在现实生活中，蒸汽机一样逐渐被用作车船的动力引擎。1807年，美国人富尔顿成功地研制成第一艘明轮推进的蒸汽机船“克莱蒙”号，由此开始了蒸汽机作为船舶动力的百年历史。

1829年，英国人史蒂芬孙对之前特里维西克制作的高压蒸汽机车进行了重新研究改造，并成功创造了“火箭”号蒸汽机车。在公开实验中，“火箭”号牵引着一节载有30位乘客的车厢顺利开动，并且时速达到46千

★ 蒸汽机的发明，加快了人类工业化进程

★ 英国伟大的学者、发明家詹姆斯·瓦特

米/时。这在当时引起了巨大轰动，开创了铁路时代。

蒸汽机的发展在20世纪初达到了顶峰。因为它具有恒扭矩、可变速、可逆转、运行可靠、制造和维修方便等诸多优点，所以曾被广泛应用于电站、工厂、机车和船舶等各个领域当中，特别在军舰上成了当时唯一的原动机。

或许蒸汽机不是人类历史进程中最重要的发明，但是蒸汽机的出现却无疑大大地推动了人类从农业文明向工业文明的过渡。

我国解放型和建设型蒸汽机车

解放型机车是中等功率的货运机车，目前多为调车和小运转用。建设型机车是1957年在解放型机车的基础上设计而成的，与解放型机车相比，锅炉用全焊结构，并加装了加煤机、给水加热器、自动调整楔铁等设备，目前是干线货运主要蒸汽机车之一。

★ 英国早期蒸汽机牵引的火车

电报——信息与时间赛跑

引言

当烽火与信鸽成为数千年信息传递的唯一使者，人类常常感叹“欲寄音书哪可闻”。在经历了漫长信息传达不便的煎熬下，当电报诞生，人类终于迎来了一次通信技术的变革。随着电报电波的传递，一个时代终结了，另一个时代诞生了。

“烽火连三月，家书抵万金。”书信在人类生活中的意义不言而喻，这是因为它是不在一起的人们互相传递信息的一种方式，是人与人之间交流的一种途径。在过去，因为通信手段单一，交通不便，人们的信息传递往往只能通过骑马或是通过信鸽传递。在中国古代，狼烟也是一种通信手段。然而，它们都存在诸多难以规避的缺点，路程与天气一直是它们无法战胜的困难。

于是一种新的高效通信手段的出现变得尤为重要，特别是当19世纪30年代铁路通信获得快速发展的时候，人们更加期待一种不受天气影响、没有时间限制、同时比火车速度快的通信工具的出现。

在这种万众期待中，电报逐渐走进了人类世界。

1837年，英国人库克和惠斯通一起研制了第一个有线电报，且不断加以改进，发报速度不断提高。这种电报很快在铁路通信中获得了应用。他们的电报系统的特点是电文直接指向字母。

与此同时，美国人莫尔斯也对电报产生了浓烈兴趣。作为画家，他凭借自己的想象力以及对科学的研究热情，将人们的梦想带进现实。在他41岁的时候从法国学艺返回美国的轮船上，闲谈中医生杰克逊向他展示了一通电就能吸起铁、一断电铁器就掉下来的“电磁铁”，并且还告诉他说：“不管电线有多长，电流都可以神速

★ 电报，让人类第一次通过电波将信息成功传递，是人类通信史上的一次跨越

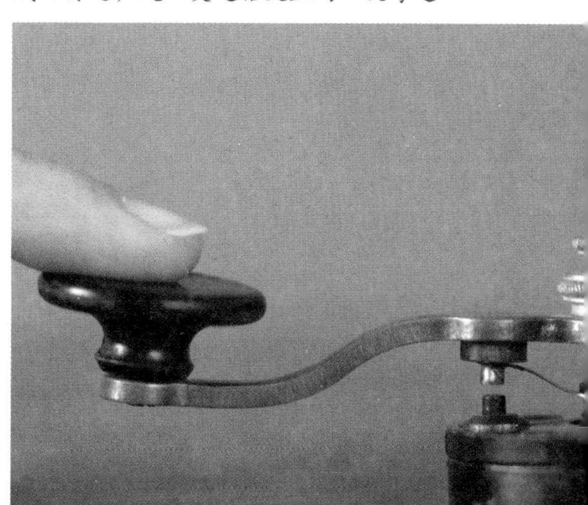

铁路通信

铁路通信是指铁路运输生产和建设中，利用有线通信、无线通信、光纤通信等技术和设备，传输和交换处理铁路运输生产和建设过程中的各种信息。铁路通信是以运输生产为重点，主要功能是实现行车和机车车辆作业的统一调度与指挥。

通过。”这番话和这个神奇的电磁铁将他牢牢地吸引到了电磁学的世界。

回国后，莫尔斯思考：既然电流可以瞬间通过导线，那能不能用电流来传递信息呢？带着这样的疑问，他在自己的画本上写下了“电报”字样，并暗暗发誓要实现用电来传递信息的发明。

★ 小小的电磁铁，成为人类文明巨大的助推器，它的应用在电子世界几乎无处不在

在之后的日子里，他拜著名的电磁学家亨利为师，一个门外汉便开始了电磁学知识的学习。他买来了各种各样的实验仪器和电工工具，把画室改装成电磁实验室。一切完备之后，他便一头扎进去开始了自己的实验研究。无论怎样琢磨，反复的实验都是以失败告终。多少次，他想着放弃，可是每次拿起画笔，他都会想起自己曾经的誓言。于是，他坚定地抬起头告诉自己：一定要坚持！

冷静下来的他开始分析失败原因，并且重新设计思路。1836年，莫尔斯终于找到了新方法。他在新的方案里写道：“电流只要停止片刻，就会现出火花。有火花出现可以看成是一种符号，没有火花出现是另一种符号，没有火花的时间长度又是一种符号。这三种符号组合起来可代表字母和数字，就可以通过导线来传递文字了。”

或许这次发现对于现在的我们来

中国最早设立的电报总局

1880年，李鸿章在天津设立电报总局，派盛宣怀为总办。他还在天津设立电报学堂，聘请丹麦人博尔森和克利钦生为教师，委托大北电报公司向国外订购电信器材，为建设津沪电报线路做准备。

说显得很平常，但莫尔斯却是人类第一个想到用点、划等符号来表示字母的人。

莫尔斯的奇特构想，就是著名的“莫尔斯电码”，这也是电信史上最早的编码，是电报发明史上的重大突破。

莫尔斯在取得突破以后，立刻投入到紧张的工作中去。他把这种构思转化成实用的装置，并且不断地加以改进。1844年5月24日，是人类电信史上光辉的一页，也是值得永远铭记的一天。因为随着莫尔斯在美国国会大厅里亲自按动电报机按键，在一连串嘀嘀嗒嗒声响的同时，电文通过电线很快传到了数十千米外的巴尔的摩。远在巴尔的摩的助手准确无误地把电文译了出来。

莫尔斯电报的成功在美国、英国甚至全球都引起了巨大轰动。短时间内，他的电报迅速风靡全球，成为人们长期以来期待的那个最快“信使”。

莫尔斯电报的发明，成为物理学应用的一个经典案例，同时也是人类文明发出的一道强烈电波！

★ 随着科技的发展，电报已经逐渐淡出人们的视线，取而代之的除了传真，还有网络也是现代社会人们经常使用的通信工具

电话——打破距离对声音的阻隔

引言

随着科学技术的不断进步，人类逐渐不满足于电报只能传递符号的现实，即使电报曾经带给人类无数惊喜与便捷。于是对于更方便通信工具的期待成了人类共同的梦想。这为电话的发明创造了一种“生当逢时”的氛围。

随着生产力的提高，人类科技不断取得进步。这在某些角度来说，刺激了人类的“欲望”，在这其中，对某些原本为人类带来诸多便利的工具提出了更高的要求。

通信中，电报曾经是让人类收获惊喜和巨大满足的发明，然而随着社会的发展，人们有了更高的期待。

电报传送的是符号。发送一份电报，必须要先将内容译成电码，再用电报机发送出去；收报的一方，要将收到的电码译成报文，然后送到收报人的手里。这不仅手续麻烦，而且也不能进行及时的双向信息的交流，同时更不能进行声音上的交流。于是，人们便开始探索一种能够直接传递人类声音的新的通信方式，也就是“电话”。

欧洲对于这种能够打破距离阻碍的声音传递工具的研究，早在18世纪就已经开始了。1796年，休斯提出用话筒接力传递语音信息的概念。虽然这种想法有些脱离现实，但他给这种通信方式所取的名字——Telephone（电话），却被世人认可，并沿用至今。

1861年，一名德国教师发明了最原始的电话机。该装置利用声波原理能够在短距离互相通话，但这个电话机并没能够广泛使用。

助听器

助听器是一种供听障者使用的、补偿听力损失的小型扩音设备，其发展历史可以分为以下七个时代：手掌集音、碳精、真空管、晶体管、集成电路、微处理器和数字助听器时代。

虽然助听器名目繁多，但所有助听器都包括传声器、放大器和受话器也就是耳机三个主要部分。传声器为声电换能器，将外界声信号转变为电信号，输入放大器后使声压放大到一万乃至几万倍，再经受话器输出这个放大后的声信号。

想要真正研制出能够普遍应用的电话机，把电流和声波联系到一起是一个关键。

亚历山大·贝尔决定去尝试这一挑战。他系统地学习了语音、发声机理以及声波振动原理，在给聋哑人研制助听器的过程中，他意外发现电流导通和停止的瞬间，螺旋线圈发出了噪声，于是贝尔突发奇想——“用电流的强弱来模拟声音大小的变化，从而用电流传送声音。”

获得启发后，贝尔和他的助手沃森特开始着手设计电话。1875年6月2日，是一个注定不再平凡的日子。贝尔和沃森特正在进行模型的最后设计和改进。沃森特在另外一间门窗闭紧的屋子里，把耳朵贴在音箱上准备接听。这时，贝尔在最后操作时不慎把硫酸溅到自己的腿上，疼得他不由自主地喊：“沃森特先生，快来帮我啊！”正是这句话通过他手里的实验电话清晰地传到了在另一个房间沃森特先生的耳朵里。

于是这句极普通的话，也意外成

★ 随着对波的认识加深，波的应用也越来越向更深远的领域推进

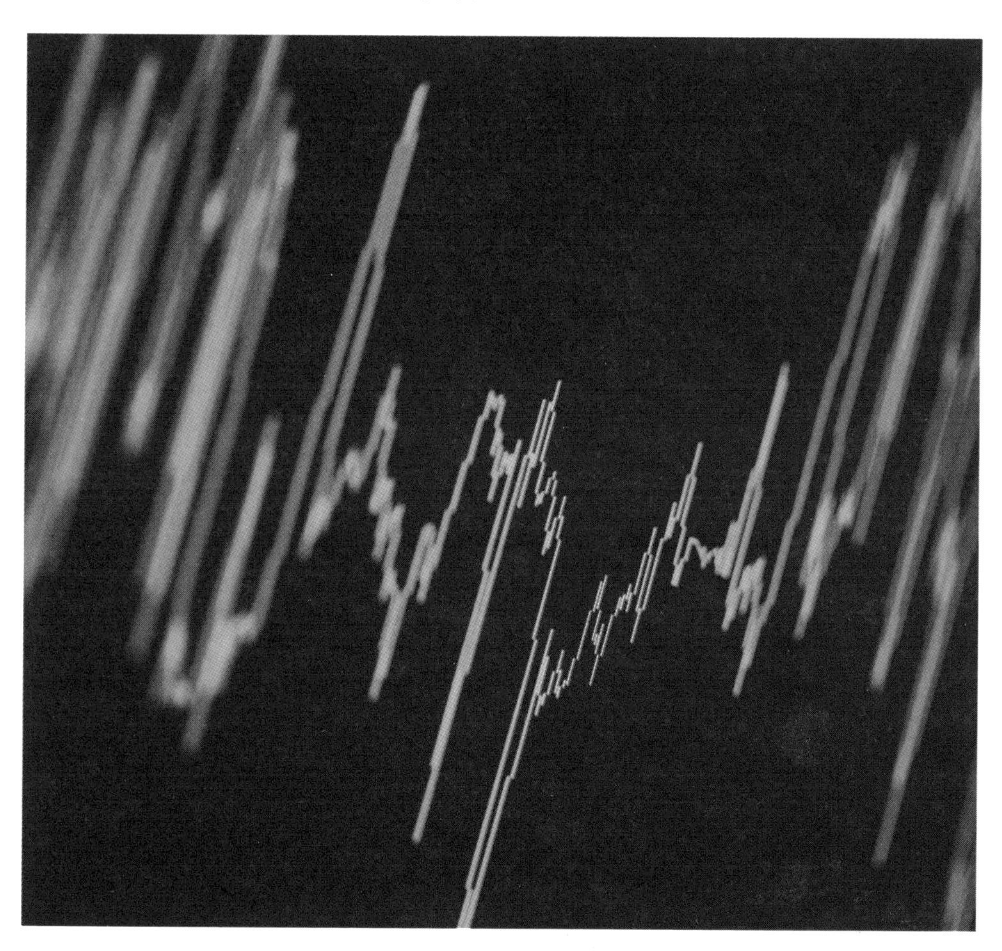

★ 早期的电话机和现在人们所使用的电话机还有很大的差异

为人类第一句通过电话传送的话音，而被载入史册。1875年6月2日这个日子，也被人们作为发明电话的伟大日子而加以纪念。

1877年，在波士顿和纽约之间开通了第一条电话线路，两地间相距300千米。也就在这一年，有人第一次用电话给《波士顿环球报》发送了新闻消息，从此开始了公众使用电话的时代。声音信息因为距离而受阻隔的历史宣告结束。在这之后的一年中，贝尔成立了贝尔电话公司，也就是美国电报电话公司前身。

电话作为现代通信手段，在1881年传入中国。那一年，英国电气技师皮晓浦在上海十六铺沿街架起一对露天电话，这就是中国的第一部电话。1882年2月，丹麦大北电报公司在上海外滩扬于天路办起中国第一家电话局，用户25家。1889年，安徽省安庆州候补知州彭名保，自行设计了一部电话机。该电话机包括自制的五十几种大小零件，这标志着中国第一部自主设计的电话机的诞生。

与现在的电话相比，最初的电话并没有拨号盘，一切通话必须通过接线员进行，接线员将通话人接上正确的线路。电话拨号盘的应用开始于20世纪初，当时的美国马萨诸塞州流行麻疹，一位内科医生因担心万一接线员病倒造成全城电话瘫痪而提议设计的。

如今，虽然互联网技术迅速发展，网络视频与通话成为更多人的交流选择，但是电话依旧有着其特殊的意义。

专题讲述

物理学对于现在与未来的意义

物理学伴随着人类的脚步，从一片混沌中走来，经过漫长的摸索，如今正以其崭新的姿态迎接着属于它的发展契机。回顾物理学的形成之路，人类相信物理学的未来将更加辉煌而灿烂，人类也将在物理学的助推下，迈向更高的文明。

物理学经过漫长的发展演变，在20世纪以后，取得了前所未有的发展速度与成就。作为整体科学技术领域中的带头学科，物理学在整个自然科学中的基础地位不容动摇。作为推动科技发展、人类进步的动力和源泉，它的发展又不容忽视。

在21世纪，物理学又一次迎来了属于它的发展时期。随着人类整体科技的进步，物理学在人类生活中的重要意义更加不言而喻。

如今，物理学已经发展成为研究宇宙间物质的基本组成及其基本相互作用和基本运动规律的学科。物理学的自身性质决定了它作为整个自然科学基础的地位。它的基本概念、理论、实验手段以及研究方法等，已经成为自然科学的各个学科的重要概念、理论基础和实验、研究方法，从而推动各个学科深入而迅速地发展。物理学向其他自然科学学科的广泛渗透，促使一系列交叉学科、边缘学科不断涌现并得以发展。它们又有可能成为未来学科中快速崛起并发挥重要

★ 物理学在新时代，正以它迅猛的发展势头取得越来越多的重大突破！人类利用物理学知识，实现了“太空漫步”的梦想

★ 在物理学的引领下，相信人类会在不久的将来，对宇宙探索取得更多更深入的认知

作用的学科。

其中，宇宙学就是作为物理学的分支，在物理学一系列研究成果的基础上建立并发展起来的。作为宇宙学理论基础的大爆炸理论，就是依据广义相对论以及粒子物理学的发展、射电望远镜等天文观察手段的提高而诞生的。可以相信，随着物理学——特别是高能物理研究的不断深入发展，人类对宇宙的认知会更加科学而深入，宇宙学也将被引入一个新的发展高度。

作为与化学并列的学科，物理学与化学之间的关系日益密切。诸多物理学理论、研究方法等，成为化学研究的指导思路以及工具。物理分析方法的发展，使人类对化学反应过程的观测更加直观而精准，从而极大地促进了化学的发展。在长期相互作用下，物理学与化学之间会逐渐形成新的衍生学科，这又对丰富与完善科学体系、更进一步促进人类文明发展起着难以估量的作用。

物理学对地球科学的影响同样是深远的。在长期影响下，逐渐形成了地球物理学的概念，正是基于对电磁波传播的研究而发现了大气电离层，对宇宙线的研究而发现了地球内辐射带并从而导致太阳风的发现，对洋底岩石磁性的研究则是确定板块构造学说的关键因素。现代物理学为地球科学的实际测量提供了巨大的依据和方法。近年来，随着地质学研究范围的扩大以及核探测技术的不断提高，地质学的发展与核物理学的关系将日益密切。地质科学的前沿与尖端技术融为一体，它们所开辟的科研领域和所达到的知识深度已超过了以往任何时代。现代地质学将沿纵向和横向交叉的方向发展，核物理与地质学的衔接日益紧密，它们之间的相互作用与影响一定会再次对整体科学产生新的积极影响。

物理学对生物学以及生命科学的发展也起着巨大的作用。随着物理学不断地发展以及取得的辉煌成就，使生物学的研究逐渐进入现代生命科学领域，物理学参与和渗入生命科学的研究已成大势所趋。在这其中，首先是物理学为生命科学提供了现代化的实验手段。比如，利用X射线衍射技术实现了人类对DNA双螺旋结构主体模型的认识，并由此开创了分子生物学的新时代。其次，物理学还为生命科学提供了概念、理论以及研究方法。生物物理学的创立，则是人类用物理学知识去揭示生命之谜的一个极其重要的里程碑，它为生命科学，为生物工程展现出一个无限美好的前景。

★ 在物理学与其他科学的相互渗透与作用下，地球形成之谜以及地球生命密码正在逐渐被破译

可以预见的是，随着物理学的飞速发展，它所带来的科学变革是无法形容的和不可估量的。在物理学的带动下，科学技术将向着更加繁荣的方向大步迈进。

人类科技发展史表明，物理学与应用技术的关系日益密切。如果把18世纪60年代蒸汽机的应用看作第一次技术革命的开始开启了物理学与应用技术互相影响的序幕的话，那么，始于19世纪70年代的以电力技术的广泛应用为重要标志的第二次技术革命，就是以物理学的发展为重要基础的。而发生于20世纪50年代的第三次技术革命，则是以20世纪初的物理学革命为先导，物理学开始全方位渗透到技术领域，成为推动技术进步的中坚力量。物理学革命引起了技术领域的分化和综合，进而形成了蓬勃发展的高新技术群：材料技术、信息技术、能源技术、生物技术、空间技术等。高新技术群是科学理论与应用技术的高度密集和综合应用，在以后的发展中，物理学的先导和基础作用将会体现得更加鲜明而深入。未来技术的进步，也将更加依赖于物理学发展以及

★ 空间技术、能源技术以及材料技术与信息技术的发展，为人类深入探索宇宙科学提供了巨大的帮助，宇宙飞船、空间站等已经由构想成为现实

影响。

伴随着物理学的发展以及物理学在人类文明进程中所起着的决定性作用，社会对于物理学人才的需求将会更加急迫。届时，学习物理学、重视物理学将成为普遍性的社会话题。

物理学作为一门重要的基础自然科学，是整个科学体系的基础，也是推动整个自然科学发展的主要动力，是现在以及未来技术发展的重要保障与来源。掌握物理学知识是所有高科技人才不可缺少的技能，是形成其知识结构的重要基础。

此外，物理学因为其形成早期与哲学的紧密联系，使得它具有深沉博大的哲学气度，它的发展，对人类物质观、时空观、宇宙观的形成注定能够产生极其深刻的影响。从一定意义上讲，现在人类的物质观、时空观、宇宙观，就是在物理学的基础上，随着物理学的发展而逐步形成的。物理学对人类树立正确的物质观、时空观、宇宙观具有不可忽视的重要作用。正确的哲学观，对一切科学研究都具有重要的指导作用。

物理学作为一门发展最早、基础性最强、影响最大的学科，在发展过程中，形成了一系列思维方式及研究方法，比如求同性、简单性的思维方式，观察实验方法、理想化方法、类比方法、假说方法、数学方法等等。它们对其他学科的发展起到了重要作用，并逐步成为自然科学研究中普遍应用的方法。例如，物理学家的求同性、简单性思维方式和理想化方法引入生物学，打破了生物学家固有的思维定势，使他们能够从纷繁无比的生命世界中，敏锐地挑出噬菌体——类似于物理学中的质点作为研究对象，从而创立了分子生物学这一崭新的研究领域。同时，物理学研究中的精密定量的实验方法和数学方法，对从根本上改变生物学研究中的流于空洞思辨的哲学味，克服在构造和测试概念模型时的模糊性，使生物学的研究从模糊的经验论转变为精确的科学，产生了重要影响。

除此以外，物理学本身所反映出来的崇尚理性、崇尚实践以及追求真理的精神，对任何一位科研人员都是必需的，是其科学素养的重要组成部分。

总之，物理学无论是在今天还是在未来，都会作为一门指导性学科、推动性学科伴随人类文明进程的始终。可以相信，在人类文明中诞生的物理学，必将会用超出人类所能预见的影响力积极作用于人类文明。

★ 相信在物理学的带动下，人类科学将会在未来取得更大的成就，届时，人类将走向又一个文明

【科学探索丛书】

◎ 出版策划　膳書堂文化
◎ 组稿编辑　张　树
◎ 责任编辑　王　珺　黄婉清
◎ 封面设计　膳书堂文化
◎ 图片提供　全景视觉
上海微图
图为媒